グレタのねがい

地球をまもり 未来に生きる

西村書店

LA STORIA DI GRETA
NON SEI TROPPO PICCOLO PER FARE COSE GRANDI
Text: Valentina Camerini
Illustration: Veronica "Veci" Carratello

Printed and bound in Japan

目次

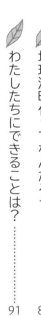

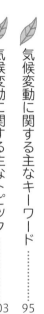

はじめに

15歳《さい》のグレタ・トゥーンベリは、地球を守るためには現状《げんじょう》を変える必要があると考え、そのために、一般《いっぱん》の人や物事を決定する力のある人を何百万人も巻《ま》きこんで、わずか数か月のあいだにあらゆる人々《ひとびと》の目を地球の危機《きき》に向けさせました。

どんなにむずかしい問題であろうと、それを乗り越《こ》えるために、だれもが何かできるはず。持ちまえの勇気と決意によって、グレタはそのことをわたしたちに教えてくれました。

「物事を変えるのに、大人になるまで待つ必要なんてない」

グレタはそういいます。

スウェーデンおよび周辺の国々《くにぐに》と地名

1章　学校ストライキを始めた理由

スウェーデンのストックホルムに暮《く》らすグレタ・トゥーンベリは、8月のある朝、地球を救うために立ち上がろうと心を決めた。気候の変動によって地球はどんどん熱くなっている。このまま放っておいたら大変なことになる。なのに、どうしてみんなは平気でいられるのだろう。

世界のどこの議会でも、たくさんの政治家《せいじか》がまじめな顔で席につき、さまざまな問題について真剣《しんけん》に議論《ぎろん》している。それなのに地球の健康については何も考えない。いままっさきに考えるべきなのは、地球を守ることと、世界中の子どもたちの将来《しょうらい》であって、それ以外のことはあとまわしでいいはずだった。それに気づいていないなら、だれかが政治家に教えてやらなくちゃ。

それでその日グレタは、長い髪《かみ》を2本の三《み》つ編《あ》みにして、チェックのシャツの上に青い上着を着て、両親と暮《く》らす家を出た。わきにかかえた木製《もくせい》のプラカードには、「気候のための学校ストライキ」と、自分で書いた文字がおどっている。グレタはみんなにくばるためのチラシもつくった。それには、気候の変動について、だれもが知っておかなくてはならないと思う、とても大事なことを書いておいた。

ほんとうなら、その日はほかの子どもたちと同じように、学校へ行くはずだった。スウェーデンでは、8月に休みが終わって新学期が始まる。でもグレタは学校には行かず、自転車に乗って町の中心にある国会議事堂《こっかいぎじどう》へむかった。

スウェーデンの国会議事堂は、ストックホルムの中心にどうどうとそびえる美しい建物で、ヘルゲアンズ島という小島の上にある。島の上にたっているときけば驚《おどろ》くかもしれないが、ストックホルムという町は、何千という大小の島々《しまじま》が集まってできている。それが空から見おろすとひとつづきの陸地のように見えるのだ。

スウェーデン人が「リクスダーグ」と呼《よ》ぶ議事堂は、国民に選ばれた議員が国の問題を話し合う場所で、問題を解決《かいけつ》するための法律《ほうりつ》をつくったり、すでにある法律を修正《しゅうせい》したりする。いまの状況《じょうきょう》を変える力があるのは、こういう議員であって、その議員が、年々《ねんねん》気温が高くなっていくせいで地球が大変なことになっているのに気づいていないのはどうしてだろう。

たしかに、毎日の生活でひとりひとりが気をつければ、地球温暖化《おんだんか》を遅《おく》らせることはできるだろう。ゴミをできるだけ減《へ》らし、環境《かんきょう》を汚《よご》さないようにする。でも残念ながら、ここまで暑くなってしまうと、ひとりひとりの善意《ぜんい》だけではたりない。複雑《ふくざつ》な問題だから、解決するためにはルールを変えないといけない。環境を守る新しい法律をつくる必要があるのだ。国会議員がそれをしないで、ほかにだれができるだろう？　それでグレタはその朝、国会議事堂へむかったのだった。

その日、つまり２０１８年８月20日に、グレタの学校ストライキが始まった。

「子どもは、大人の命令にはしたがいませんが、大人のすることはまねします」

なぜそんなことを始めたのかと理由をきかれて、グレタはそういった。大人たちが未来を少しも気にかけていないなら、子どもにも考えがある。もう学校へは行かない。大人たちのまねをして、自分の言い分をわかってもらうためにストライキをするのだ。じっさいに大人はそうしている。仕事に行くのをやめて、町の広場や通りに集まって、プラカードや横断幕《おうだんまく》をかかげている。グレタも同じことをするだけだ。大人たちとちがうのは、グレタの場合、あらゆる人々《ひとびと》の幸せのために、たったひとりでストライキをするという点だった。

プラカードを持っている女の子を見て、通りかかった人はふしぎそうな顔をする。いったいこの子はだれで、何をやっているのか。ふつうなら学校にいるはずの午前8時半から午後3時まで、グレタは国会議事堂《こっかいぎじどう》のまえにすわり続ける。最初の日は、ずっとひとりで時間をつぶした。政治家《せいじか》が通りかかっても、こちらには目もくれなかったけれど、グレタはくじけない。

翌朝《よくあさ》、早起きをして着がえをすませると、自転車に乗ってまた議事堂へむかった。今度もプラカードを持っていく。ストライキを続けるのだ。

2日目に入ると、驚《おどろ》くことが起きた。昨日は人が通りかかっても、こちらをちらちら見ながら行ってしまうだけだったのに、今日は数人が立ちどまった。グレタの考えに賛同《さんどう》してくれる人ができたのだ。もう、ひとりで闘《たたか》わなくていい。

3日目になると、うれしいことに、いっしょに地面にすわる人が出てきた。若《わか》い人がほとんどだったけれど、小さな男の子をベビーカーに乗せたお母さんや、白髪《しらが》の女の人、ストライキ中に読む本を準備《じゅんび》してやってきた学生もいた。みんな気さくにおしゃべりをしている。夏も終わりに近いスウェーデンに、日ざしはまださんさんとふりそそいでいた。

ストライキが6日目に入ったところで、グレタはみんなに持ちかけた。この問題についてて、インスタグラムやツイッターなどで写真や情報《じょうほう》をシェアしよう。そうすれば、ストライキに参加できない人も、メッセージを投稿《とうこう》したり、「いいね」をしたり、投稿をシェアしたりして、この運動を支援《しえん》できる。

その結果、グレタたちのストライキはニュースになってまたたくまに広がった。これにはもちろんグレタが大きな役割《やくわり》をはたしている。毎日ストライキの写真を撮《と》ってインスタグラムに投稿しつづけたのだ。すると、自分たちもストライキに参加していいか、何時に行けばいいかと、近所の友だちや学校の仲間や顔見知りが情報を求めてきた。それに対してグレタは、みんなぜひ来てちょうだいとこたえた。

議《ぎ》事《じ》堂《どう》のまえにすわる人々の数はみるみる増《ふ》えていった。

ストライキに参加すると心を決めて、職《しょく》場《ば》や学校に遅《おく》れていく人。いつもなら近所のカフェで朝食をとったり、ショッピングをしたりする時間をストライキにあてる人。グレタの考えていることは正しいと思い、グレタ

未来のための金曜日（英語）

ぼくたちの未来はぼくたちの手に（英語）

を見習って自分もストライキに参加しようという人が日増《ひま》しに多く集まって、議事堂のまえにすわる人の数がみるみる増《ふ》えていく。できるだけ早く行動を起こして、地球を守らなければならないと、みんなが心を決めたのだ。

政治家《せいじか》は目のまえを通っても、たいていグレタを無視《むし》してその

気候のための学校ストライキ
（上：イタリア語、下：スウェーデン語）

まま議事堂《ぎじどう》のなかへ消えていくが、なかには足をとめて、すばらしいことをしているねと、ほめてくれる人もいた。

町は、髪《かみ》を三《み》つ編《あ》みにした15歳《さい》の少女グレタのうわさで持ちきりだった。議事堂のまえに新聞記者が現《あらわ》れ、見物人だけでなく真剣《しんけん》に支援《しえん》をしようという人たちがぞくぞくとやってくる。子どもづれの母親の数も目立って増《ふ》えてきた。若者《わかもの》はもちろん、おじいさんおばあさん世代の人もいて、なかにはグレタに食べ物や飲み物を持ってくる人もいた。

そうして9日目が終わると、ストライキの集団《しゅうだん》は、ガラムスタン島にあるミュント広場に移動《いどう》させられた。町の歴史《れきし》が残る美しい広場で、議事堂からもそうはなれていないので、グレタはそれでよしとした。抗議《こうぎ》活動はしたいけれど、そのために法律《ほうりつ》をやぶることはしたくない。

そのころには、いまストックホルムで起きていることに世界中の人々《ひとびと》が関心をよせるようになって、イギリスの大新聞『ガーディアン』は「気候のための学校ストライキ」と題して、グレタに関する記事をウェブサイトで発表した。見出しには、「学校を休んで気候危機《きき》と闘《たたか》うスウェーデンの15歳」という一文がおどっている。

新聞でこのストライキを知ったたくさんの人々が共感し、スウェーデンのほかの地域《ちいき》でも、町の大小を問わず、グレタの呼《よ》びかけにこたえて同じようなストライキが始まった。スウェーデンの南に位置する小さな町リンシェーピングでは、町の中心にある噴水《ふんすい》に人々が集まって、グレタと同じようにプラカードをかかげた。ローマからは自転車の写真も送られてきた。自転車のペダルに、「ありがとうグレタ！　わたしたちもあなたの味方《みかた》です！」と書かれた看板《かんばん》が立てかけてある。

あの8月の朝、ストライキのために議事堂へむかった最初の日から、グレタの頭のなかにははっきりした計画があった。ストライキは9月7日まで続ける。その翌日《よくじつ》には総《そう》選挙がひかえていて、自分たちの代表者として行動を起こしてくれる国会議員をスウェーデンの市民がえらぶことになっていた。

たくさんの人が応援《おうえん》してくれているようだった。だったら「気候のためのストライキ」についてもっと多くの人に知ってもらうべきだとグレタは考え、最終日のストライキにあらゆる人々を呼びこむため、チラシをくばることにした。

夏もほぼ終わりかけた9月6日は、灰色《はいいろ》の空からいまにも雨が落ちてきそうな天気にな

気候のための
学校ストライキ！

- どこで？
ミュント広場！
- いつ？
9月7日 金曜日！
午前8時から午後3時まで
- 持ってくる物
食べ物と飲み物
すわるときに下にしくマット

った。グレタは黄色いレインコートを着こみ、インスタグラムを通じて世界中の人々《ひとびと》にうったえた。

「わたしは、みんなに立ち上がってもらうために、この活動をしています。地球の未来のために、あらゆる人がこの抗議《こうぎ》活動に参加することを願っています」

翌日《よくじつ》の9月7日には、グレタのうったえにこたえて大勢《おおぜい》の人が集まった。ジャーナリストや政治家《せいじか》や一般《いっぱん》の人々が、みなこの問題に関心をよせるようになったのだ。

集まった人々にむかってグレタはうったえる。

「このまま温暖《おんだん》化が進めば、わたしたちは地球で生活できなくなります。数ある問題のなかでも、『温室効果《おんしつこうか》ガスの排出量《はいしゅつりょう》を制限《せいげん》すること』がもっとも大事なのに、選挙に立候補《りっこうほ》する人たちは、自分がえらばれたらこの問題にまっさきに取り組むと、どうして約束しないのでしょう？　選挙までの数週間、環境《かんきょう》の問題がまったく議論《ぎろん》されなかったのはどうしてでしょう？」

地球温暖化を食いとめるために、危険《きけん》なガスの排出量をどの程度《ていど》まで減《へ》らさないといけないのか、グレタはその数値《すうち》をはっきりしめすグラフを自分のインスタグラムにのせ、このまま放っておけば取り返しのつかないことになってしまうとうったえた。

「いったい政治家《せいじか》たちはこの問題に対して、これまでどのような取り組みをしていたのでしょう？」

「気候のための学校ストライキ」のおかげで、グレタの問いかけはスウェーデンの国会議員たちの耳にとどき、あとは回答を待つばかりとなった。

しかし、ストックホルムでの学校ストライキは、まだほんの始まりにすぎなかった。

2章　最初の勝利

今や世界を動かすリーダーとして有名になったグレタだが、むかしから勇敢《ゆうかん》だったわけではない。スウェーデンの国会議事堂《こっかいぎじどう》まえでストライキをするようになるまえは、内気ではずかしがり屋の女の子で、思い切ったことなどしない子どもだった。教室ではかたすみにひっこんで人のかげにかくれ、何も特別なことのないふつうの毎日を送っていた。そんなグレタが、いつの日か大勢《おおぜい》の子どもたちの心をゆさぶって、みんなの先頭に立って行動することになるとは、だれも思わなかっただろう。

けれどグレタは環境《かんきょう》問題にはいつも関心を持っていた。最初に話をきいたのは、まだほんの小さなころ。地球の気候が取り返しのつかないほど変わってきていることを8歳《さい》のときに知った。

「部屋を出るたびに照明のスイッチを切って電気を節約し、水や食べ物をむだにしないようにしましょう」と学校の先生にいわれ、グレタはふしぎに思った。どうしてなんだろう。

そこでずばり先生にきいてみた。

「なぜですか？」

「それは人間の行動によって気候が変わっていくからです」と先生はいった。

グレタはすぐに心配になった。もしそれがほんとうなら大変だ。たとえむずかしいことはわからなくても、人間の生活の仕方で気候が変わってしまうといわれれば、大変な事態《じたい》であることはだれにだってわかる。まだ幼《おさな》いグレタでさえ、きいただけで恐《おそ》ろしくなったのだ。それなのに、大人たちはあまり心配そうじゃない。こんな大変なことが起きているというのに！

早くなんとかしなければいけない。それなのに大人がだれひとり立ち上がらないなんてことがあるだろうか。

テレビでも新聞でもインターネットでも、それほど重要でない問題が議論《ぎろん》されているのに、どうして気候の問題は話題にのぼらないのか。

自分たちの暮《く》らす環境《かんきょう》が取り返しのつかないほど破壊《はかい》されてしまいそうなときに、どうしてみんなは平気な顔で仕事や勉強をしていられるのか。

いくら考えてもこたえは見つからず、しまいにグレタはとても悲しくなった。大人たちが心配しなくても、グレタは心配でたまらない。

環境問題に強い関心を持つという点もそうだが、それ以外にもグレタには、学校に通う同じ年代の子どもたちとはちがっているところがあった。

11歳《さい》のときに、アスペルガー症候群《しょうこうぐん》であると医師《いし》から診断《しんだん》されたのだ。

アスペルガー症候群の人は、特定の問題に強い関心をしめし、かたときもそれを忘《わす》れられないことが多い。それこそまさにグレタの身に起きたことだった。

現代は、毎日たくさんの話題や情報《じょうほう》が流れてきて、さまざまな事件《じけん》の報道《ほうどう》であふれかえっている。そのなかには心配なニュースもあって、じっとしていられない気持ちになる。でも、ふつうはそれをわりとすぐ忘れてしまう。環境汚染《おせん》の問題もほんとうに心配だけれど、目のまえにあることを片《かた》づけるのに忙《いそが》しくて、いつのまにかそれを頭のすみに追いやってしまうのだ。それで、車やオートバイに乗って友人の家を訪《たず》ねるときにも、自分がいま、排気《はいき》ガスで空気を汚《よご》していることを意識しない。でもグレタの場合はそうはいかない。ほかの人たちとは脳《のう》の働き方が少しちがっていて、グレタの頭のなかでは、物事はすべて白と黒にはっきりわかれ、良いことと悪いことが明確《めいかく》に区別されている。だから、環境《かんきょう》汚染《おせん》は恐《おそ》ろしいことだとわかっていながら、毎日の生活で地球を汚しつづけるなどということはできないのだ。

まだ小さいころ、グレタは学校で、プラスチックが海を汚染しているドキュメンタリー映画《えいが》を見せられた。

飢《う》えていくホッキョクグマや、ほかにもつらい目にあっている動物たちの映像《えいぞう》が映《うつ》し出され、どうしてそういうことになるのかわかって、グレタもクラスのみんなも大変なショックを受けた。画面に映像が映っているあいだ、みんな泣きっぱなしだった。ところが映画が終わって照明がついたとたん、クラスのみんなはほかのことを考え出した。休み時間や放課後に何をしようか、あしたの宿題は何だろう。けれどもグレタはちがった。プラスチックによって地球が汚れていく映像が頭にこびりついて忘《わす》れられない。

環境に強い興味《きょうみ》を持ったグレタは、スウェーデンの日刊紙《にっかんし》『スヴェンスカ・ダーグブラーデット』が主催《しゅさい》する作文コンテストに参加した。環境について調べ、作文を書いたのだ。それが非常《ひじょう》に優秀《ゆうしゅう》だと認《みと》められてコンテストで優勝《ゆうしょう》すると、新聞で知った環境活動家数人が連絡《れんらく》をとってきた。学校に通う幼《おさな》い子が、環境について、これだけよくわかっているのはどうしてなのか、興味を持ったのだった。

このコンテストのおかげで、グレタは自分と同じ心配をかかえている人たちと知り合うことができた。そういう人たちはまず問題について議論《ぎろん》し、解決《かいけつ》方法をさぐることで、国民の注意を集めようとしたが、残念なことにあまり関心は集まらず、状況《じょうきょう》は何も変わらない。けれどグレタにはあきらめるつもりはなかった。

アスペルガー症候群《しょうこうぐん》の人には、もうひとつ大きな特徴《とくちょう》がある。自分が興味を持ったことをとことんつきつめていくという点だ。こうしようと心を決めたら、ふつうの人間には考えられない集中力と強い意志《いし》で、それを追究《ついきゅう》していくことができる。それでグレタはそれから数年、気候の変動について徹底《てってい》的に調べていき、同じ年ごろの女の子にはあり得《え》ないほど、豊《ゆた》かな知識《ちしき》をたくわえたのだった。

大人の専門家《せんもんか》にひけを取らないほど、グレタは環境《かんきょう》問題について熟知《じゅくち》していた。学校の社会科見学で、ある博物館に出かけたとき、壁《かべ》のパネルに書かれている二酸化炭素《にさんかたんそ》に関する説明がまちがっているのに気づいた。そういうまちがいをすることに強い怒《いか》りをおぼえ、先生に連《つ》れられて館内をめぐるみんなからひとりだけ離《はな》れ、博物館のエントランス近くにすわっていた。

いろんなものを読めば読むほど、心配になる。もしこのまま地球の温度が上昇《じょうしょう》しつづければ、自分たちの未来はどうなるのだろう。それを思うと頭のなかに悪いことばかりが浮《う》かんで恐《おそ》ろしくなり、うつうつとした気分になっていく。

もともとグレタはおしゃべりな女の子ではなかったので、心のなかで渦巻《うずま》く不安を人に話すことはなく、自分の胸《むね》のなかにしまっておいた。しかしそうしているうちに不安はどんどんふくれあがって、悲しみに押《お》しつぶされそうになり、毎朝家を出て学校へ行くことができなくなっていった。

そうして11歳《さい》のとき、悲しみのあまり病気になってしまった。まるで心のなかの大事なものがこなごなに砕《くだ》けてしまったようだった。医者の診断《しんだん》はうつ病だった。

それからは話すことも読むこともやめた。食べることまでやめてしまい、2か月後には体重が10キロほど減《へ》ってしまった。人生には生きる意味がないと、そのころグレタは思っていた。だってこの世にはおかしなことがあまりに多すぎる。けれどそういう思いを人に説明することもできず、ただだまりこみ、ふさぎこんでいた。

両親のスヴァンテ・トゥーンベリとマレーナ・エルンマンは学校で何かあったのではないかと思ったが、先生にきいても何もないといわれた。グレタはおとなしすぎて、人とまじわらずに自分の世界にひきこもることが多く、ほとんどしゃべらないという。

それのどこがいけないのか、母親のマレーナにはよくわからなかった。自分も子どものときはずっとおとなしくて、人とまじわらずに内にこもっていた。

マレーナはグレタがおかしいとは少しも思わなかった。自分は成長するにつれ、音楽になぐさめを見いだすようになった。歌を歌うことで自信が生まれ、世界に自分の居場所《いばしょ》を見つけることができたのだ。

マレーナにとって、この時期はほんとうにつらかった。仕事をがんばりながら、同時に娘《むすめ》の病気ともむきあわないといけなかったからだ。

マレーナはストックホルムで上演《じょうえん》される大きなショーのスターで、何千という観客のまえで歌って踊《おど》る。ほんとうなら仕事をしている時間は幸せなはずだったが、家に病気の娘《むすめ》たちがいると思うと気が気ではなかった。

じつはグレタばかりか、妹のベアタも病気の兆候《ちょうこう》を見せはじめていた。心が混乱《こんらん》して、騒音《そうおん》が耐《た》えられなくなり、グレタと同じように授業《じゅぎょう》に参加するのがむずかしくなった。

いったいふたりの心のなかで何が起きているのか、それをつきとめるために、いろんな医者がふたりを診察《しんさつ》した。診断《しんだん》はむずかしかったが、医者たちは、ふたりがほかの子どもたちとちがっている原因《げんいん》として、とうとう病名を見いだした。それがアスペルガー症候群《しょうこうぐん》だった。

ちょっとずつでもいい、なんとかしてふたりをふつうの生活にもどしたいと思い、スヴァンテとマレーナは解決策《かいけつさく》をさがしはじめた。

アスペルガー症候群と診断された人は、ほかの人にとってはまったくなんでもないことに、大変な困難《こんなん》を感じる。ふつうに生活することが非常《ひじょう》にむずかしいわけで、グレタもベアタも以前の生活にもどることができなかった。

スヴァンテとマレーナは娘たちを全力で支《ささ》えたいと思った。この状況《じょうきょう》を放っておいてはいけない。それで、娘たちが困難な時期を乗り越《こ》えるのを手助けしようと、仕事をやめることにした。

グレタはみんなといっしょに授業に参加することができなかった。だれに何をいわれようと無理で、結局1年間は学校へ行かなかった。そのあいだ、家のソファにただじっとすわっている。しかしそれ以上に両親が心配したのは、食事をとらないことで、これだけはどうしても解決したかった。

病院に行くぐらいしかやることがないので、グレタは時間をどうやってやりすごしていいかわからない。丘《おか》のてっぺんにたつ、丸太づくりの大きな家のなかで、毎日はのろのろと過《す》ぎていくばかりで、悲しみはなかなか晴れない。しかしある日、グレタが自分の心のうちを語ったことで、その状況に変化が生まれた。

自分が恐《おそ》ろしく思っていることを、ママやパパに話せば気持ちが楽になる。それにグレタが気づいたのだった。グレタの両親は身のまわりで起きていることに敏感《びんかん》で、だれかがこまっているなら解決してやるべきで、この地球では、だれもが幸せに暮《く》らす権利《けんり》があると考えていた。

「でも人間のことだけを心配していていいの？」グレタは両親にゆさぶりをかけた。「パパとママは大事なことを忘《わす》れている。人間が暮《く》らす地球のことは心配じゃないの？　戦争に痛《いた》めつけられて逃《に》げてきた難民《なんみん》の心配はしても、パパとママは相変わらず旅行をして、肉を食べて、大型車《おおがたしゃ》を運転している。自分たちが地球を痛めつけているのは心配じゃないの？」

最初のうちスヴァンテとマレーナは、いつかきっと何もかもうまくいくから心配ないと娘《むすめ》を安心させようとした。グレタとしては、話をきいてもらって自分の考えを知ってもらうのはうれしかったが、ただ放っておいても、問題が自然に解決《かいけつ》しないことは十分すぎるくらいわかっていた。気候の変動という大きな問題についてはなおさらだった。

学校に行っていなかったので、グレタには以前より自由になる時間が多くあった。だったらその時間をつかって、自分の考えをもっとはっきり伝えようと思った。両親はグレタの話に喜《よろこ》んで耳をかたむけ、環境《かんきょう》問題についても進んで議論《ぎろん》した。でも状況《じょうきょう》の深刻《しんこく》さをほんとうには理解《りかい》していない。それでグレタは写真や統計《とうけい》やグラフをはじめ、さまざまな情報《じょうほう》を両親に見せることにした。

いっしょにソファにすわって、映画《えいが》やドキュメンタリーを観《み》て、信頼《しんらい》できるジャーナリストの書いた新聞記事や調査報告《ちょうさほうこく》を両親に読ませた。

スヴァンテとマレーナは、もう娘の心配だけをしているわけにはいかなくなった。地球も具合が悪くなっているとわかったからだ。

グレタのいうとおり、環境問題を深刻に考えない自分たちは、大変なまちがいをおかしているのではないか？

便利な生活を追い求めるばかりで、気候の変動に関心をはらってこなかった。それが問題なのだと、スヴァンテとマレーナはようやく気づいたのだった。

これはふたりにとって大きなショックだった。

自分の家族がこれほど無責任《むせきにん》に生活しているのがグレタには許《ゆる》せない。そんなグレタのおかげで、家族は環境のたいせつさに目をひらかされたのだった。

これは大きな変化だった。グレタの両親は、いまや娘の話に本気で耳をかたむけていた。

それは単に、病気で元気をなくしている娘の気を引き立てようとするためではなかった。

グレタが心底大事に思う問題に、スヴァンテもマレーナも強い関心をよせるようになっていたのだ。

このことが、グレタが大きく変わるきっかけとなった。そのときグレタは15歳《さい》になっていた。両親をここまで説得《せっとく》できるなら、ほかの人たちの考えだって、変えることができるのではないかと思ったのだ。だとすれば、これからやるべきことはたくさんある。新しい目的意識《もくてきいしき》を持ったグレタはしだいにうつ病を克服《こくふく》していった。

マレーナは有名なオペラ歌手。スヴァンテはスウェーデンで非常《ひじょう》によく知られた俳優《はいゆう》であり作家。ふたりとも仕事の関係で世界中を旅してまわることが多い。特にマレーナはコンサートツアーであちこち出かける。そのふたりが、娘《むすめ》の話をきいて考え方を変えた。

ある日マレーナは重要なコンサートに出演《しゅつえん》するために東京に飛びたつことになった。コンサートの模様《もよう》はテレビ放映《ほうえい》されて大勢《おおぜい》の人が観《み》ることになる。遠く離《はな》れた場所にいる、まったく新しい観客のまえでオペラを歌うのはマレーナにとって心おどる経験《けいけん》だった。

しかしそのツアーからもどってくるなり、その旅が地球にどれだけの負荷《ふか》をかけているか、娘から指摘《してき》された。地球にひどいことをしているのには目をつぶって、仕事の成功だけを喜《よろこ》ぶのはおかしいとグレタはいった。

地球の裏側《うらがわ》の遠い町まで毎回飛行機に乗って出かけるたび、地球に大きな負担《ふたん》をかけていることを、グレタは母親に教えた。何百人という乗客とその荷物をのせて空に飛び立つとき、飛行機は大量の燃料《ねんりょう》を燃《も》やして二酸化炭素《にさんかたんそ》をはきだす。それが大気圏《たいきけん》にたまっていって、地球の温度を上げてしまう。

旅だけでなく、トゥーンベリ家の生活には反省するべき点がまだまだあった。グレタはそれをしんぼう強く両親に説明する。これまで環境《かんきょう》問題についてさまざまなことを調べてきたグレタは、科学者の言葉を引き合いにだして、両親に何をきかれてもこたえることができた。

スヴァンテとマレーナはこういった問題について、なんとなく知っていると思っていたが、実際《じっさい》には何もわかっていなかった。最初は娘に反論《はんろん》しようとしたが、すぐにいいわけの言葉がつきてしまった。グレタはいつでも正しかった。

自分が手本をしめそうと、グレタは物を買うのにもとことん慎重《しんちょう》になった。ほんとうに必要でないものは、それなしですます。これからは飛行機にも乗らない。そのために遠い外国に旅行できなくても、それはそれで仕方ないとあきらめる。ストックホルムでは自転車に乗って移動《いどう》した。スウェーデンはとりわけ寒さが厳《きび》しい国だが、グレタは少しも気にしない。寒さも雨も雪も、それに応《おう》じた服装《ふくそう》をすれば問題にはならない。遠くへ出かけるときには列車をつかった。

両親は娘《むすめ》の決断《けつだん》を受け入れただけでなく、結局自分たちも娘にならうことにした。仕事がらみの旅でも、マレーナはもう飛行機をつかわない。

これまでずっとマレーナは、家族を連《つ》れて世界のあちこちを旅してまわってきた。

グレタが赤ん坊《ぼう》のときには、家族全員で劇場《げきじょう》から劇場へ移動した。

赤ん坊のグレタを家にひとりで置いておくわけにはいかないので、そのころはスヴァンテが俳優《はいゆう》の仕事を休んで妻《つま》のツアーにいっしょについていき、娘の世話をした。家族の世話をするために、仕事のキャリアを犠牲《ぎせい》にすることにしたのだった。

グレタが生まれてまもなく、ベアタが生まれた。赤ん坊がふたりになれば、少なくとも親のどちらかは仕事を休むしかない。赤ん坊の娘たちを育てるために舞台《ぶたい》の仕事をあきらめるのはつらい決断だったが、家族で旅をするのは楽しかった。

グレタとベアタが成長すると、トゥーンベリ一家はストックホルムに落ち着いたが、マレーナは相変わらず忙《いそが》しいスケジュールでコンサートに出演《しゅつえん》し、飛行機でしか行けない外国へも旅をした。

しかしグレタに説得《せっとく》されてからは、マレーナは海外での仕事をあきらめた。知名度が多少下がっても、環境《かんきょう》を守ることを優先《ゆうせん》したかった。さらにスヴァンテは娘と同じように野菜類を主として食べる菜食主義者《しゅぎ》になった。グレタが見せてくれた本のおかげで、工場式の家畜飼育《かちくしいく》がどれだけ環境を汚染《おせん》しているかわかったからだ。一家は市外の小さな庭で野菜を育てるようになり、太陽光パネルも設置《せっち》した。電気自動車を購入《こうにゅう》して、どうしても必要なときだけそれをつかい、ふだんの移動にはふつうの自転車に乗った。

そうやってトゥーンベリ家は少しずつ、地球を害する悪い習慣《しゅうかん》や行いを取りのぞいていった。

グレタの最初の勝利だった。

グレタは気候の変動にはつねに注意をはらっていた。そんななか、２０１８年の夏は大きな転換《てんかん》点となった。気温が驚《おどろ》くほど上昇《じょうしょう》し、異常《いじょう》な事態《じたい》となったのだ。

スウェーデンではみんながタンクトップを着て、バルト海の冷たい水に足をひたした。ほとんどの人は、それをおかしいとは思わなかった。だって夏なんだから、暑いのはあたりまえでしょ？

けれどスウェーデンは北欧《ほくおう》であって、世界地図では北の奥《おく》まった場所に位置している。北欧の夏は、地中海に近いヨーロッパの国々《くにぐに》の春に近い。気温は少し温かく、日ざしもふりそそぐものの、南ヨーロッパほど暑くはならない。

それが、２０１８年には気温が史上《しじょう》最高レベルにまで上昇した。ここ２６２年間で最高の気温に達したのだ。

地球温暖《おんだん》化についてよく知らない人は、気温の上昇は悪いことばかりではないと思うかもしれない。しかし火災《かさい》となれば話はべつで、森林火災がおそろしい事態をもたらすことはだれにでもわかる。その夏は北欧でたくさんの森林火災が起きた。

あらゆるところで炎《ほのお》が燃《も》え上がり、北のへき地も例外ではなかった。ラップランドと呼《よ》ばれる地域《ちいき》では、これまで一度も起きなかったことが起きた。60件《けん》以上の火災によって、森林が壊滅《かいめつ》的な被害《ひがい》にあったのだ。高い気温と乾燥《かんそう》した気候が原因《げんいん》で、ほぼ2か月にわたって雨がまったく降《ふ》らなかった。

わずかな人数の消防《しょうぼう》士《し》が、間断《かんだん》なく燃えさかる大火災と戦い、自分たちだけでは対処《たいしょ》しきれないとして援軍《えんぐん》を要請《ようせい》した。

まさかこれほど大規模《だいきぼ》の火災が起きようとは、だれも予想しておらず、準備《じゅんび》ができていなかったのだ。ボランティア、ヘリコプター、軍隊までが出動したが、炎はいっこうにおさまるようすがない。火災現場《げんば》に近い場所では村ぐるみで住民が避難《ひなん》し、もうもうとあがる黒い煙《けむり》が空をまっくらにした。

ヨックモックの村の消防指揮官《しきかん》であるグンナル・ルンドストレームをはじめ、消防士も一《いっ》般《ぱん》の人々《ひとびと》もいっしょになって、まったく休みなしで、ほぼ2日連続で消火活動にあたった。凍《こお》るように寒いラップランドでは30度まで気温が上がることはまずあり得《え》ない。ふだんなら一年中雪の毛布《もうふ》をかぶっている土地だった。

いったい何が起きているのか。だれもが不安を口にした。販売店《はんばいてん》にとどく新聞にもショッキングな見出しがおどったが、何か行動を起こそうとする者はいなかった。

ただひとり、グレタをのぞいて。

じつのところ、世界中の多くの国とくらべて、スウェーデンは環境《かんきょう》問題をとても深刻《しんこく》にとらえている。

スウェーデンの政治家《せいじか》は、どれだけ状況《じょうきょう》が悪化しているかわかっていて、なんとかしようとがんばってきた。西洋世界で初めて、温室効果《おんしつこうか》ガスを減《へ》らす法律《ほうりつ》をつくり、２０４５年までに排出量《はいしゅつりょう》をゼロに減らすという大きな目標を立てている。どこの国もスウェーデンにならえば、地球にとって大きな助けになるだろう。

でもグレタはそれだけでは満足しなかった。そんなにのんびりとかまえてはいられない。いますぐなんとかしなきゃいけないと科学者もいっているのだから、安心はできなかった。

さらに心配なのは、この問題が最近ほとんど無視《むし》されていることだった。これはまずい。数か月後には総《そう》選挙がひかえていて、それまでのあいだ政治家は、自分たちが最も重要だと考えるさまざまな問題について、新聞、テレビ、インターネットで討論《とうろん》する。自分がえらばれたらこういうことをするから自分に投票してほしいと、選挙民にうったえるのだ。重要な問題があれば、当然この時期に話題に出され、議論《ぎろん》されているはずだった。

しかし、この夏の森林火災《かさい》に国全体が打ちのめされたというのに、気候の変動について討論する政治家はほんとうに少ない。みんなこの問題に、さほど関心を持っていないようなのだ。

だれか勇気のある人間が、政治家たちの関心をこの問題にむけさせ、これこそが最優先《ゆうせん》して取り組むべき問題なのだと教えてやらないといけない。

だから選挙までの数週間は、グレタにはとても重要だった。

3章　勇気あるアイディア

グレタのストライキは大きな注目を集め、スウェーデンの政治家《せいじか》や、まもなく投票をする国民が環境《かんきょう》問題に目をひらいた。世界中の政府《せいふ》が数年まえに約束しながら、多くが忘《わす》れてしまっているらしい目標を思い出したのだ。

COP《コップ》21（国連気候変動枠組《わくぐみ》条約《じょうやく》第21回締約国《ていやくこく》会議）がフランスで開催《かいさい》されてから、まだ3年しかたっていない。2015年に、ほぼ世界中の国々《くにぐに》といっていい195か国から政治家たちがパリに集まって、気候の変動について話し合った。

しばらくまえから科学者たちは非常《ひじょう》に心配なことが起きているのに気づいていた。地球の温度が着実に上昇《じょうしょう》しているのだ。

この100年のあいだ、気温はひたすら上がりつづけていた。地球の温度上昇《じょうしょう》を見守っていた科学者たちはそれに気づいて愕然《がくぜん》としていたのだった。冬は以前より寒くなくなり、夏は以前より暑くなった。いったいどうしてなのか、懸命《けんめい》に調べたところ、原因《げんいん》が見つかった。それはすべて、地球に暮《く》らす人間が生み出す温室効果《おんしつこうか》ガスのせいだった。このガスは上昇して空の高いところに集まって、太陽光線は通すものの、熱をつかまえて放さない。さまざまな温室効果ガスのなかでも、空にいちばん多くたまっているのが二酸化炭《にさんかたん》素《そ》で、これを人間は日々《ひび》大量に生み出している。

それで世界195か国の代表者がパリに集まったのだった。二酸化炭素を生み出し、自然環境《かんきょう》に排出《はいしゅつ》する量を、できるだけ減《へ》らして地球の温暖《おんだん》化を食いとめよう。それを世界中で約束するのがこの会議の目的だった。

気温が1度上がるといわれても、たいしたことはないように思えるかもしれない。しかしそのたった1度が地球にはとてつもない痛手《いたで》になる。まず気温が上がると氷河《ひょうが》がとける。つまり北極と南極を覆《おお》う氷が小さくなるわけで、山のてっぺんに降《ふ》る雪も減る。最終的には、とけた氷が海に流れこんで海面が上昇する。

その結果、気候が変動する。本来なら降らない時期に雨が降ったり、新たに砂漠《さばく》が生まれたり、川が干上《ひあ》がったりする。

そうなるともう、地球がどうなってしまうか、恐《おそ》ろしいばかりだ。

グレタはそういうことをわかりすぎるぐらいわかっていて、だから行動に出ることにした。それが学校ストライキだった。背中《せなか》を押《お》してくれたのは、海のむこうのアメリカに暮らす、勇敢《ゆうかん》な子どもたちだ。その子たちは、自分たちの考えを知ってもらうために、学校へ行かずにストライキを始めていた。

それはグレタがプラカードを持ってスウェーデンの国会議事堂《こっかいぎじどう》まえですわりこみをするようになる数か月まえのことだった。アメリカの学生グループが、銃《じゅう》を手軽に買える法律《ほうりつ》に、怒《いか》りと不安を感じていることをみんなに知ってもらうため、学校ストライキを始めたのだ。アメリカではさまざまな種類のピストルやライフル銃を、だれでも簡単《かんたん》に手に入れることができる。それで銃《じゅう》をつかった犯罪《はんざい》があとをたたず、どの事件《じけん》も悲劇《ひげき》的な結末を迎《むか》えていた。

記憶《きおく》に新しいところでは、マージョリー・ストーンマン・ダグラス・ハイスクールで、19歳《さい》の元生徒が通路を歩きながら銃《じゅう》を乱射《らんしゃ》する事件《じけん》を起こしていた。いまとなっては教室も安全ではなく、毎日びくびくしながら勉強をしないといけない。そのことを、国を動かしている政治家《せいじか》たちにわかってもらおうとしたのだ。

グレタはこれを知って興味《きょうみ》を持った。学校には行かないで、かわりに町に出て自分の考えをみんなにうったえる。それはとてもいいアイディアに思えた。

子どもが大人に自分の話をきかせるというのは、いつだって簡単《かんたん》ではない。相手が政治家ならなおさらで、注意をひきつけるのはむずかしい。

でも、銃規制《きせい》に反対するニュースが、遠くスウェーデンまで伝わってくるなら、アメリカの学生たちは、自分たちの考えを広める方法をたしかに見つけたということだった。

4章　人前でのスピーチ

グレタの両親は娘《むすめ》がやろうとしていることを理解《りかい》してはいたが、学校に行かないというのには賛成《さんせい》できなかった。どうしても授業《じゅぎょう》に参加してほしかったから、子どもを学校に行かせるのは親の務《つと》めなのだと、やさしく話してきかせた。そうして、自分の考えを広めたいなら、学校を休む以外にも方法があるのではないかといったところ、それはないと、グレタにきっぱりいわれた。

15歳《さい》のわたしには選挙権《せんきょけん》も与《あた》えられていない。だから自分の考えをきいてもらうためには、これしか方法はないのだとグレタはいった。

マレーナもスヴァンテも気候変動のことは心配だったが、それ以上に娘が学校に行かないことが心配だった。でもグレタがひどくふさぎこんでいたときは、家を出ることさえなかったのに、いまは進んで外に出ようとしている。それを思えば、自分が正しいと考えることをするために、国会議事堂《こっかいぎじどう》まえですわりこみをするのは、グレタにとっていいことかもしれない。うつうつとしていたときとはちがって、いまはグレタの顔に小さな輝《かがや》きも見られるようになっていた。

　先生たちの多くも、子どもが学校に行かないのはよくないと思っていて、グレタに注意をうながした。それでもグレタは耳を貸《か》さない。自分の考えが正しいと信じて疑《うたが》わなかった。たしかに学校を休めば、何かしら問題が起きるかもしれない。でもそれさえも自分で受け止める覚悟《かくご》があった。

「ほかの人が注意をむけないから、自分はこういうことをしているんです」と、グレタは

先生たちにいった。気候の変動は、もう放っておけない。その証拠《しょうこ》はいくらでもあがっている。それに少なくともいまでは、グレタの考えに大勢《おおぜい》の人たちが賛成《さんせい》していた。

9月7日の総《そう》選挙の日は、これまでにない規模《きぼ》の大きなストライキが行われた日でもあった。大勢の人が国会議事堂まえをうめつくし、みんなですわりこみをしたのだ。

グレタの強い決意が人々《ひとびと》の目を覚まし、たしかな変化が起ころうとしていた。スウェーデン人はもちろん、世界のさまざまな国の人々が、地球の問題と、プラカードを持った

三《み》つ編《あ》みの女の子に注目しはじめていた。

ここまで達成できたことに満足を覚えながら、グレタはまた新たな挑戦《ちょうせん》にむかう。以前ならとてもできないと思っていたことに、チャレンジしようというのだった。

総《そう》選挙の翌日《よくじつ》、グレタは「民衆《みんしゅう》の気候マーチ」で演説《えんぜつ》するスピーチの原稿《げんこう》をまとめた。それは世界のいろいろな町で同じ日に開催《かいさい》する大規模《だいきぼ》な集会で、何千もの人々《ひとびと》が行進《マーチ》することで、権力《けんりょく》を持つ人たちに、地球温暖《おんだん》化を食いとめるために、みんなの先頭に立って本気で行動を起こすよう要求する。ストックホルムで行進する人たちは、町をめぐったあと、ミュント広場に集まって、気候変動問題に取り組む活動家たちの演説をきくことになっており、主催者《しゅさいしゃ》側は、グレタにも壇上《だんじょう》でスピーチをしてほしいと頼《たの》んできた。これがじつはグレタにとって、大変むずかしいことだった。

アスペルガー症候群《しょうこうぐん》の人は脅《おび》えやすく、健常者《けんじょうしゃ》にくらべて、ちょっとしたことで大きな不安を覚える。そうなると、まったくしゃべることができなくなる。言葉が出てこなくなるのだ。とりわけ知らない人間を相手にした場合はそうで、相手が大勢《おおぜい》となればなおさらだ。だれにでも起こる緊張《きんちょう》とはちがって、大丈夫《だいじょうぶ》だよ、話してごらんと、どんなにやさしくいわれても、アスペルガー症候群の人はかたくなに口を閉《と》じている。医者はこういう症状《しょうじょう》に、場面緘黙症《かんもくしょう》という大《たい》そうな名前をつけた。

当然ながら両親は心配になり、娘《むすめ》にきいてみた。ほんとうにいいの？　大勢の人のまえでしゃべるなんて、大丈夫？　けれどもグレタはティーンエイジャーで、その年ごろの子どもは自分がこうと決めたら、がんとしてゆるがない。グレタの場合、同じ年ごろの子ども以上にその傾向《けいこう》が強いともいえた。あとに引く気などさらさらなく、大勢の人のまえに出ていって、自分の考えをみんなに知らせるつもりだった。

灰色《はいいろ》の空の下、グレタはマイクを握《にぎ》り、スピーチのメモを手に、大勢の人々にうったえかけた。スピーチが終わると、観衆《かんしゅう》から拍手《はくしゅ》がわきおこった。みんなが三つ編みのティーンエイジャーの女の子の言葉に、大きく心をゆさぶられたのだった。

民衆の気候マーチが行われた同じ日、グレタは自分が決めたことを発表した。これからも学校ストライキは続けるつもりで、毎週金曜日に国会議事堂《こっかいぎじどう》のまえにすわるという。パリの会議で各国の代表者が決めた目標すべてを、スウェーデンが達成するまでストライキを続けるつもりだった。

ちゃんと約束したのだから、守らねばならない、それがグレタの言い分だった。

地球温暖《おんだん》化の進行を遅《おく》らせるために、気温の上昇《じょうしょう》は2度未満におさえ、できれば1・5度を上《うわ》まわらないように努力すると、パリ協定で政治家《せいじか》たちは目標に合意した。それなのに、どうしてすぐ行動を起こさないのか？

グレタはインスタグラムのプロフィール欄《らん》であらゆる人々《ひとびと》に呼《よ》びかけた。毎週金曜日、スウェーデンの国会議事堂まえに集まろうと。そう呼びかけたグレタの意図《いと》ははっきりしている。

自分たちが思っているよりずっと早くに危険《きけん》は迫《せま》っている。目標を達成しなければ、あとには悲惨《ひさん》な未来が待っていると、みんなにそういいたいのだ。

やるべきことは決まったので、翌週《よくしゅう》月曜日からグレタはまた学校に通いだし、両親や先生を安心させた。

けれどグレタの闘《たたか》いはまだ続いていた。

総《そう》選挙の日には、学校ストライキに大勢《おおぜい》の人が集まり、気候マーチにも大きな関心が集まった。ということは、この闘いを支援《しえん》してくれる人は、ストックホルム以外にも大勢いるはずだった。

これからはそういう人たちも巻《ま》きこんで、行動に出るよう説得《せっとく》しよう。

そこでグレタは、ストライキをする理由を英語で説明した短いビデオをインスタグラムに投稿《とうこう》した。スウェーデンの外にいる人たちにも、自分の考えを確実《かくじつ》にわかってほしかったのだ。

スウェーデンではすぐにたくさんの人々が立ち上がり、９月最後の金曜日までには、マルメやヨーテボリをはじめ、多くの都市で集会が行われていた。地球温暖《おんだん》化を食いとめるために、いますぐ徹底《てってい》した行動を取るよう、みんなが要求した。

ジャーナリストたちもグレタを支《ささ》えた。15歳《さい》の女の子が学校に行かないことで社会に抗《こう》議《ぎ》するという話に興味《きょうみ》を引かれる人間が日増《ひま》しに増《ふ》えていった。

みんながグレタにインタビューをしたいといってきて、世界中から集まったジャーナリストが山のような質問《しつもん》をグレタにぶつける。ストライキをしようというのは、どこから思いついたの？　ご両親や先生はどう思っている？　15歳の女の子が環境《かんきょう》に興味を持つようになったきっかけは？

グレタは質問にすべてこたえていった。ただし自分自身のことについてはあまり話したくなかった。話題としては地球の問題のほうが、自分のことよりよっぽど重要だし、人々《ひとびと》も関心を持っている。それでもグレタはテレビ放送に出演《しゅつえん》し、スウェーデンの都市数か所で行われた会議にも参加した。

知らない人を大勢《おおぜい》相手にするのは気疲《きづか》れするものだが、グレタは問題を深く理解《りかい》していたから、気候変動に関することは、なんでも明確《めいかく》に話すことができた。

そんなわけで数年もすると、グレタは気候問題の専門家《せんもんか》と変わらないまでになった。

アメリカの有名な雑誌《ざっし》『ニューヨーカー』がグレタにインタビューし、記事のなかで、温室効果《おんしつこうか》ガスは減《へ》ってきていると書いたときには、迷《まよ》うことなく、それはまちがっていると指摘《してき》した。有名な雑誌の記者が書いたものであろうと、真実でないことを書くのはまちがっている、正直にならないといけないとうったえた。

地球温暖化は複雑《ふくざつ》な問題で、これを語るときには、あらゆる種類の統計《とうけい》が引き合いに出される。政治家《せいじか》は自分にとっていちばん都合のいい統計をつかって、事態《じたい》は改善《かいぜん》されてきているように見せかけ、事実の深刻《しんこく》さを覆《おお》いかくすことが多い。

けれど、人々には真実を知る権利《けんり》がある。ほんとうは大変なことになっているのに、大丈夫《だいじょうぶ》だと自分をだますのは、子どもじみている。

そのことを大人の政治家に教えたのが、15歳の子どもだったというのは、まったく皮肉なことだった。

5章　スウェーデンから他の国へ

努力は実を結び、グレタの活動は、スウェーデン国会議事堂《こっかいぎじどう》まえの歩道から飛び出して、はるか遠くまで広がっていった。列車に乗って、ベルギーのブリュッセルにある欧州《おうしゅう》会議の事務局《じむきょく》へむかい、集会に参加して環境《かんきょう》のために闘《たたか》いを続けた。ブリュッセルではフランス語でスピーチを行い、自分のやっている学校ストライキについて話し、スウェーデンの人間は地球4・2個《こ》分の資源《しげん》を思いのままにできると錯覚《さっかく》して生活している、どう考えてもおかしいとうったえた。

それが終わると今度はフィンランドのヘルシンキへむかい、大勢《おおぜい》の人が集まった町の広場でスピーチをし、いまのような暮《く》らしを自分たちが続けることで、毎日何百万バレルもの石油が消費《しょうひ》されていることを聴衆《ちょうしゅう》に思い出させた。

それが終わると、今度はロンドンへ出発だ。

ヨーロッパを旅行するには、両親の助けと許可《きょか》が必要だった。スヴァンテとマレーナは自分たちも力になってグレタの運動を応援《おうえん》しようと心を決めていた。ふたりはグレタの味方だった。それで、国内外への移動《いどう》も、娘《むすめ》の決めたルールにしたがうことにした。

陸路で外国に行くのは、時間も手間《てま》も大いにかかる。列車をいくつも乗り継《つ》ぎ、乗り換《か》えの時間を見て、駅で待たないといけない。けれどもそれをしなければ、トゥーンベリ家の電気自動車をつかうしかなく、その場合しょっちゅう充電《じゅうでん》が必要になる。

グレタは手間がかかるのは平気だった。それどころか、環境《かんきょう》問題に関《かか》わることでは、どんな困難《こんなん》にも負けない。

これまではたいていのルールにしたがってきたが、いまとなっては問題を解決《かいけつ》するために反抗《はんこう》することも必要だと、考えが変わってきていた。地球が危《あぶ》ないというのに、法律《ほうりつ》は必要なことを定めていないとグレタには思えた。

10月末にロンドンの英国議会のまえに集まった抗議者《こうぎしゃ》たちも、グレタとまったく同じことを思っていた。

「とてつもなく危険《きけん》な緊急事態《きんきゅうじたい》だというのに、だれひとり危機《きき》だとはとらえておらず、わたしたちの国のリーダーたちは、大人げない行動をとっています。わたしたちは目を覚まして、変化を起こさないといけません」グレタは群衆《ぐんしゅう》にそううったえた。

彼《かれ》らのかざす横断幕《おうだんまく》には「反抗者たち」と書かれており、その日ロンドンの議事堂《ぎじどう》広場に集まった多くが、自分たちをそう呼《よ》んでいた。いま人間は、いまだかつてない暗黒の時代に直面しているのだと彼らは指摘《してき》する。早く行動を起こさないと大変なことになると、科学がはっきりそういっている。

スウェーデンの総《そう》選挙が終わってから、グレタは数週間かけてヨーロッパをまわった。そこで気づいたのは、自分と同じような闘《たたか》いに挑《いど》んでいる人が、じつに大勢《おおぜい》いるということだった。気づいたのはそればかりではない。自分がよく知っている問題についてなら、大勢《おおぜい》のまえで話してもまったく緊張《きんちょう》しないこともわかった。

おしゃべりは好きじゃなく、人と話すこと自体が苦手だったけれど、マイクをにぎって真面目なスピーチをするのは上手にできる。

スヴァンテとマレーナは大勢の人のまえでスピーチをするグレタが誇《ほこ》らしかった。ときに数千人規模《きぼ》の見知らぬ聴衆《ちょうしゅう》をまえにすることもあったし、英語で話すことも多かった。

親からすれば、ちょっと信じられない気持ちだった。ほんの数か月まえまで、悲しい顔をした内気な女の子だったのに、いまでは人々《ひとびと》から尊敬《そんけい》される環境《かんきょう》活動家として、雄々《おお》しく闘《たたか》っているのだから。

グレタの勇気と考えは、あっというまに世界中に広まった。地球の裏側《うらがわ》にあるはるか遠いオーストラリアでも、ストライキのために学校を休むと決めた子どもが大勢いた。

それ自体驚《おどろ》くべきことだが、そのあとにも信じられないことが起きた。国でいちばん強い権力《けんりょく》を持つオーストラリアの首相自《しゅしょうみずか》らが公式の場で子どもたちに学校へ行くよう頼《たの》んだのだ。これについてグレタはインスタグラムでこう回答した。「スコット・モリソン首相、申し訳《わけ》ありませんが、わたしたちはあなたにしたがうことはできません」

グレタの勢《いきお》いはとどまるところを知らない。

ストライキをはじめてたった数週間しかたたないうちに、大勢が読む一流の新聞から次々《つぎつぎ》とインタビューを申しこまれ、数か月後には、TED《テッド》でスピーチをしてほしいと招《まね》かれた。

TEDは、「Technology《テクノロジー》（技術《ぎじゅつ》）、Entertainment《エンターテインメント》（娯楽《ごらく》）、Design《デザイン》（デザイン）」の頭《かしら》文字で、重要な問題について講演会《こうえんかい》を主催《しゅさい》する組織《そしき》だ。さまざまな分野の専門家《せんもんか》たちがステージに上がり、自分が深く理解《りかい》しているテーマについて話をする。

ここ数十年のあいだに、世界的な有名人が何人かTEDのステージに立ち、何百万人もの聴衆にむかってスピーチをした。これに招《まね》かれるというのはじつに名誉《めいよ》なことで、TEDで話す人間は大きな影響力《えいきょうりょく》を持つ。

グレタはそこで「公平」について話した。経済《けいざい》がもっとも高度に発展《はってん》している国々《くにぐに》が環《かん》境《きょう》に与《あた》える悪影響《えいきょう》を減《へ》らすいっぽう、まだ発展途上《とじょう》にある国々は、環境に負荷《ふか》をかけても、道路や病院といった、よりよい生活を送るのに必要なものをこれからも建設《けんせつ》する。それが公平ということではないかと。

さらにグレタは、長期的な解決策《かいけつさく》をさがそうとする政治家《せいじか》がいないということも指摘《してき》した。２０５０年までに目標を達成すべく行動を起こそうと話す勇敢《ゆうかん》な政治家はいる。けれども２０５０年というのは、実際《じっさい》そう遠い未来ではない。現在《げんざい》の子どもたちは２０５０年には大人になっていて、それから先もまだずっと生きていかないといけない。もし気候変動を食いとめられなかったら、そのあとわたしたちはどうなるのか？

現在の大人は、自分の子どもの将来《しょうらい》をどうするつもりなのか？

ＴＥＤでの講演《こうえん》は、たいてい希望に満ちたメッセージで終わる。しかしグレタの講演はそうではなかった。

「希望も必要ですが、それ以上に、行動が必要なのです」とグレタはいった。

6章　世界のリーダーたちに会う

世界のリーダーたちは子どもじみた行動をとっている。問題の複雑《ふくざつ》さに恐《おそ》れをなし、見ないようにしている。

だから子どもたちが立ち上がった。自分たちの未来が心配だから政治家《せいじか》に抗議《こうぎ》することにしたのだ。2018年の8月にグレタ・トゥーンベリがたったひとり、国会議事堂《こっかいぎじどう》のまえで始めたストライキは最初の一歩に過《す》ぎなかった。

それからわずか数か月のあいだに、世界の270都市でストライキが起こり、参加者のほとんどは学校に通う子どもたちだった。世界のさまざまな町角で2万人以上の学生たちがグレタの始めた学校ストライキにならって学校へ行くのをやめていた。

これだけ大勢《おおぜい》の子どもたちが行動を起こしていることを励《はげ》みに思い、グレタはそれから新たな目標に立ちむかう準備《じゅんび》を始めた。問題について単に話し合うだけではなく、現実《げんじつ》に行動を起こしてほしいと、世界のリーダーたちを説得《せっとく》しようというのだった。

この目標を達成するために、2018年12月、グレタはポーランドの小都市カトヴィツェにむかった。そこで開催《かいさい》されるCOP《コップ》24（国連気候変動枠組条約《わくぐみじょうやく》第24回締約国《ていやくこく》会議）という集まりに参加するためだった。電気自動車をつかって、到着《とうちゃく》までに2日かかったが、それだけの苦労をする価値《かち》はあった。

COP24では、世界のほぼすべての国から集まった代表者が気候変動について話し合う。これは、世界的に重要な問題について、各国の政治家《せいじか》が話し合うためにつくられた世界的な組織《そしき》、国際連合《こくさいれんごう》（略称：国連）が主催《しゅさい》する。

環境破壊《かんきょうはかい》を防《ふせ》ぐ責任《せきにん》のある人たちは、りっぱな黒い自動車に乗ってカトヴィツェに到着した。はたしてこの人たちは、正しい判断《はんだん》のもとに、すぐさま行動を起こしてくれるのだろうか？

それは無理だろうと、多くの人が思った。

グレタは荷造《にづく》りをして出発した。これから非常《ひじょう》に重要な仕事をしている男の人に会いにいく。すなわち国連事務総長《じむそうちょう》アントニオ・グテーレスだ。大規模《だいきぼ》な自然災害《さいがい》に対処《たいしょ》し、世界から戦争をなくそうとしている人だ。

気がつけばグレタは、大きな長方形の白いテーブルが置かれたホールにいた。白壁《しらかべ》も寒々《さむざむ》しく感じられるいかめしいホールに、さまざまな国からやってきたリーダーたちが集まってテーブルをかこんでいる。それぞれの目のまえに、マイクと、名前を書いたカードが置かれている。

椅子《いす》席にすわった大勢の聴衆《ちょうしゅう》をまえに、グレタはステージへあがった。着ているのは学校ストライキの初日に着ていたのと同じチェックのシャツ。緊急《きんきゅう》に話し合わなければいけない問題があるときに、服装《ふくそう》になどかまっている余裕《よゆう》はない。グレタの背後《はいご》にかかる巨大《きょだい》な横断幕《おうだんまく》は、まぎれもない国連の青い旗《はた》で、グレタが自分の考えを表明する場所がどこなのかを明確《めいかく》にしめしている。重々《おもおも》しい声がグレタを紹介《しょうかい》した。

世界の代表者をまえにしても、グレタは怖《お》じ気《け》づかなかった。

「過去《かこ》25年、数え切れないほどたくさんの人が、国連の気候変動会議にやってきて、各国の指導者《しどうしゃ》に温室効果《おんしつこうか》ガスの排出《はいしゅつ》をやめてほしいと頼《たの》んできました。しかしそれがうまくいかなかったのは明らかです。ですからわたしは、あなたがたに、わたしたちの未来を守ってほしいとお願いするつもりはありません。これまでずっとわたしたちは無視《むし》されつづけ、これから先も無視されつづけるのでしょう。わたしがここに来たのは、物事はいやおうなしに変わってきていることを、あなた方に教えるためです」

どれほど不安になろうと、いまこそ現実《げんじつ》と正面から向き合うことが必要であることをグレタはステージの上からうったえかけ、みんなが努力をすることで何ができるか想像《そうぞう》してほしいと力をこめていった。ふだんなら自分たちのほうが命令されて、いうことをきかなければいけない偉《えら》い人たちが聴衆《ちょうしゅう》のなかにいても関係ない。学校ストライキを始めた子どもたちが新聞の一面をさわがすことができるのだから、世の中に不可能《ふかのう》はないとグレタはいう。

まるで幼《おさな》い子どものように人から嫌《きら》われることを恐《おそ》れ、行動しようとしない大人たちすべてを、グレタは勇気をふりしぼって糾弾《きゅうだん》した。

すでに環境《かんきょう》が受けているダメージを思い出させ、だれも何もしなければ、気候変動の責《せき》任《にん》を未来の世代が引き受けることになるとグレタはうったえる。自分の子どもたちの将来《しょうらい》を考えてください。わたしたちはどんどん破壊《はかい》されていく世界で生きていかねばならないのです。危機的《ききてき》状況《じょうきょう》を危機的状況としてあつかわないかぎり、修復《しゅうふく》は不可能です。

これは前代未聞《ぜんだいみもん》の事態《じたい》だった。ティーンエイジャーの女の子が、世界でもっとも強い権力《けんりょく》を持つ人たちに、あなたたちはまちがっているといってしかりとばし、変わらなければだめなんだと尻《しり》をたたいたのだから。

長時間に及《およ》ぶ国連の会議は、非常《ひじょう》に骨《ほね》が折れる。各国の代表者たちは何日もかけて問題を話し合い、解決策《かいけつさく》を協議した。

決まったことはすべて公式の文書に記録されるが、これだけ大変な思いをしながら、人々《ひとびと》の生活にはほんのわずかな変化しか生まれないことが多かった。

ポーランドの会議でも同じだと、グレタの目にはそう映《うつ》った。結局、現実を大きく変える決断《けつだん》は何もなされなかった。

会議が2週目に入ると、グレタはスマートフォンのスイッチを入れ、ビデオを撮影《さつえい》した。

COP《コップ》24が開催《かいさい》されている大会議場の一室で、グレタはまず自己紹介《じこしょうかい》をしてから、こ

だれであろうと、
どこにいようと、
わたしたちには
あなたが必要！
今週金曜日に行う
大規模《だいきぼ》な気候ストライキに
ぜひ参加して。
わたしたちと
いっしょに抗議《こうぎ》を！
この映像《えいぞう》をシェアして
世界に知らせて。

こでふたたびうったえる。科学者たちはこれまでにないほど危険《きけん》な状況になっていると確《かく》信《しん》しているのに、政治家《せいじか》たちは何も解決策《かいけつさく》を見いだしていないと。

いっぽう、会場の外では大勢《おおぜい》の抗議者《こうぎしゃ》たちがカトヴィツェの通りに集まっていた。たくさんの人が環境《かんきょう》について真剣《しんけん》に心配していることを、COP《コップ》24のためにポーランドまでやってきた政治家たちに知らせたかったのだ。

スウェーデン人の若《わか》い娘《むすめ》が、世界のリーダーたちを相手に臆《おく》することなく、自分の考えをありのままに堂々《どうどう》と伝えたというのは大きな驚《おどろ》きだった。

人々《ひとびと》を説得《せっとく》して、行動を起こさせる、そのやり方もまた驚きだった。

アメリカを代表する有名な週刊誌《しゅうかんし》『タイム』は、2018年に社会にもっとも強い影《えい》響《きょう》を与《あた》えたティーンのひとりにグレタの名前をあげた。

これは大変な名誉《めいよ》だが、グレタの活躍《かつやく》を思えば、まったく当然のことといっていい。

それでもグレタは、こういった成功に酔《よ》いしれることはなかった。

国連が主催《しゅさい》したCOP24の会議が終わるとすぐにポーランドを出て、父親の運転する電気自動車に乗って家に帰った。グレタにはほかに大事な約束があった。マルメで気候ストライキがあるのだ。

地球を救うという目標を達成するまで、グレタの活動に終わりはなかった。

7章　学校との両立

環境《かんきょう》を守ることを自分の一生の仕事と決め、すべてをなげうって、それに没頭《ぼっとう》する人は世界中にたくさんいる。しかし、グレタにはそれができない。15歳《さい》の女の子にはやるべきことがたくさんあって、何もかも放り出すわけにはいかないのだ。

熱心な活動家と同じように、グレタもヨーロッパ中を旅して、環境を守るためのストライキを組織《そしき》し、スピーチ原稿《げんこう》を書いたり、プレゼンテーションの準備《じゅんび》をしたりする。何千人もの人たちをまえにスピーチをするには、あらかじめ下調べが必要で、大事な情報《じょうほう》をもらすことなく、たくさんのことについて細部までくわしく知っておかねばならない。それもときには外国語でスピーチをするのだから、準備はほんとうに大変だった。

しかもやるべきことはそれだけではすまない。いまや有名人となったグレタは、世界じゅうのジャーナリストからインタビューを受けてもらえないかといわれ、有名なリポーターたちはグレタ自身のことや、グレタが考えていることについて、すべてを知りたがった。自分のことを話すのはあまり気が進まなかったが、インタビューは受けることにした。それによって環境《かんきょう》問題が新聞の一面にのり、世間の関心を高めることができるからだ。

これらにくわえて、グレタには、大人の活動家にはない務《つと》めもあった。15歳《さい》の女の子が当然やるべきことだ。学校の宿題をやり、授業《じゅぎょう》でもみんなに遅《おく》れをとらないようにしなければならない。グレタはまた学校に通いはじめ、金曜日だけ学校を休んでストライキに出かけるようになっていた。さらに毎週末には町の中心に出ていって抗議《こうぎ》活動をする。雨が降《ふ》ろうと雪が降ろうとおかまいなしに出ていき、厳《きび》しいスウェーデンの冬をものともせず、どんなに寒くて暗い日でも外に出ていった。

朝早くから夜遅《おそ》くまで、集中して取り組むべきことが山ほどあった。妹のベアタや両親、それに2匹《ひき》の飼《か》い犬と過《す》ごす時間もあまりなくなった。眠《ねむ》る時間さえ十分にとれなくなった。グレタは毎朝6時に起きて、新しい一日とむきあう。疲《つか》れを感じたときには、三《み》つ編《あ》みの少女である自分がここまで有名になった原因《げんいん》を思い出し、深く息を吸《す》ってまたまえへ進んでいく。

グレタがまた学校に通うようになって、優秀《ゆうしゅう》な成績《せいせき》を収《おさ》めているので、両親は安心して娘《むすめ》を支援《しえん》することに決めた。

両親の力ぞえはまさにいまのグレタになくてはならないものだった。15歳という年齢《ねんれい》で、たったひとり世界を旅してまわることはできない。ヨーロッパをめぐる列車の長い旅には父親のスヴァンテがつきそい、電気自動車の運転もした。茶色の長い髪《かみ》をうしろにたばねて気どらない笑顔を見せるスヴァンテは、グレタのサポーターにうってつけだった。だれとでも気さくに話ができ、いつも気分よく娘のそばにいて、世界最大の会議の壇上《だんじょう》にグレタが立ったときでも緊張《きんちょう》しなかった。スヴァンテには、地球を守るという大望《たいもう》を抱《いだ》く娘をいつでもサポートする用意があった。ときどきジャーナリストが父親にもインタビューをしてくることがあったが、スヴァンテにこたえられない質問《しつもん》はひとつもなかった。

たしかにグレタには父親のサポートが必要だった。日に日にやるべき仕事が増《ふ》え、それもだんだんにむずかしくなっていく。パナマ、ニューヨーク、サンフランシスコ、カナダへ招《まね》かれたが、どれも受けることはできなかった。それらの国々《くにぐに》へ行くには飛行機をつかわねばならないからだ。それでももっと近い場所なら、なんとしてでも出かけていった。そういったなかには、この上なく重要な誘《さそ》いもあった。２０１９年１月末に開催《かいさい》されるダボス会議に参加するよう頼《たの》まれたのだ。

ダボスはスイスにある静かな町だ。優美《ゆうび》な建物や木造《もくぞう》の家々《いえいえ》が標高の高い山あいに散らばっていて、緑豊《ゆた》かな森とスキー場で有名だ。１９７０年代から毎年１月下旬《げじゅん》に、名だたる政治家《せいじか》、経済《けいざい》の専門家《せんもんか》、知識人《ちしきじん》、ジャーナリスト、科学者が集まって、世界が緊急《きんきゅう》に対《たい》処《しょ》すべき問題について話し合う。

正式には世界経済《せかいけいざい》フォーラムと呼《よ》ばれるこのダボス会議はじつにユニークだった。会議の開催期間を除《のぞ》く１年のほとんどは、アルプスでスキーを楽しむ人たちが集《つど》う静かで小さな山あいの町で、世界経済に関する重要な話し合いをするのだから。参加者はここで親交を深め、力を合わせて解決策《かいけつさく》を見いだす。このダボスで話し合われたことは参加者しか知らない。会議は閉《と》ざされたドアの奥《おく》で行われるからだ。地位の高い人たちが秘密裏《ひみつり》に行う会議ということで、一般《いっぱん》の人には門が閉ざされている。これに参加できるのは、現在《げんざい》の社会において重要な立場にあると認《みと》められて招待《しょうたい》された人間だけだ。そのひとりがグレタだった。

1月の寒い朝、グレタはスカーフと帽子《ぼうし》と分厚《ぶあつ》いコートで防寒《ぼうかん》し、赤いスーツケースと、おなじみの「学校ストライキ」のプラカードを持って出発した。南へむかう列車に乗るべく、太陽がのぼるまえに駅に行く。スウェーデンの南のスコーネ地方を横断《おうだん》し、デンマークへむかう。それからようやくドイツについたところで、今度はスイスのチューリッヒ行きの夜行列車に乗る。

ダボスまで30時間以上にわたる旅をしたグレタは、駅に到着《とうちゃく》したところで、テレビカメラやマイクを持った記者たちの集団《しゅうだん》に迎《むか》えられた。駅のホームでグレタはプラカードを持ち、記者たちの質問《しつもん》にこたえて、いつの日か今日をふりかえって、自分は正しいことをしたのだと思えるようになりたいといった。多数あるホテルにはチェックインせず、グレタは「北極ベースキャンプ」へ入っていく。それは北極探検隊《たんけんたい》がつかうような大きなテントで、有名なシャッツアルプホテルのとなりに設置《せっち》されている。地球温暖《おんだん》化が北極と南極の氷河《ひょうが》に与《あた》える影響《えいきょう》に注意をうながそうと、北極圏《けん》の専門家と科学者のチームが考えためずらしい宿泊所《しゅくはくしょ》だった。

気温が零下《れいか》何十度にも下がる、スイスの凍《こお》るような寒さのなか、グレタは黄色い寝袋《ねぶくろ》のなかで眠《ねむ》りについた。

翌日《よくじつ》の会議で、グレタは、気候変動の責任《せきにん》はわたしたち全員にあるのだと話をした。

有名なシンガー、ウィル・アイ・アムやボノをはじめ、大勢《おおぜい》の外交官や科学者がグレタの話に耳をかたむけた。チンパンジーと共同生活をして、彼《かれ》らが人間にどれだけ近いかを知らしめた勇敢《ゆうかん》な科学者ジェーン・グドールもその場にいた。グレタは記念にジェーンといっしょに写真を撮《と》った。

聴衆《ちょうしゅう》のなかに、自分もよく知っている有名人が顔をそろえていようと、世界で知らぬ者のいない高名《こうみょう》な人がいようと、グレタは動じない。きいている人の名前や地位など関係なしに、いつものように同じうったえをくりかえすばかりだった。少人数の学生相手であろ

Changing Together
Changing Together
BARD
ORGIA

うと、世界的な指導者《しどうしゃ》たちであろうと、グレタのいうことに変わりはない。

ダークスーツに身を包んだ、しかつめらしい顔をした大人の男たちにかこまれながら、グレタは同じ年ごろのふつうの女の子と変わらない服装《ふくそう》で壇上《だんじょう》に立ち、スピーチをした。

「大人は若《わか》い人たちに希望を与《あた》えなくてはならない。そういう言葉をしょっちゅう耳にします。でも希望なんかいりません。わたしはあなたがた大人たちに、危機感《ききかん》を持って行動してほしいのです。一刻《いっこく》を争う危機的状況《じょうきょう》に置かれているかのように、迅速《じんそく》に行動を起こしてほしい。だって、実際《じっさい》そうなのですから」

「わたしたちの家は火事になっています。わたしたちのすまいであるこの地球が、炎《ほのお》をあげて燃《も》えています。若い人たちの未来のために、大人たちが、権力《けんりょく》を持つ人たちが、責任《せきにん》ある行動を取らなくてはならないのです」

そのあとグレタはダボスの通りに出ていって、同じ年ごろの若者《わかもの》たちといっしょに気候ストライキに参加した。みんないまの状況に不安を感じている人たちだ。

そうして翌日《よくじつ》はもう、スウェーデンへ帰る長い旅の途《と》についていた。列車を次から次へ乗り換《か》えて、北へむかう。

15歳《さい》の女の子が、世界のトップリーダーたちに投げつけた厳《きび》しい言葉は、多くの人たちに注目された。一見不可能《ふかのう》と見えたことをグレタが可能にした。気候の危機に世界中の関心を集め、フランスの大統領《だいとうりょう》、欧州連合《おうしゅうれんごう》、ダボス会議に参加したあらゆる政治家《せいじか》に、一刻も早く行動を起こす必要があると注意をうながしたのだ。

しかし、「世界が問題に関心をしめすようになったのだから、先行きは明るいのではないか？」と記者に問われると、そんなことはないとグレタはいった。いちばん大事なのは温室効果《おんしつこうか》ガスの排出量《はいしゅつりょう》であって、いまだにそれは減《へ》っていないのだからと。

有名人たちがグレタの話に賛成《さんせい》してうなずいたところで、行動がともなわなければなんにもならないのだった。

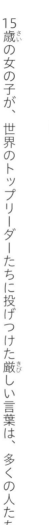

8章　未来のための金曜日

グレタが学校を休んでストライキをしようと決めた日からわずか8か月で、たくさんのことが変わった。なかでも重要なのは、状況《じょうきょう》の深刻《しんこく》さに世界がとうとう気づきはじめたことだった。

国会議事堂《こっかいぎじどう》のまえや、世界のさまざまな通りで、ストライキをする人の数がどんどん増《ふ》えていった。多くは子どもやティーンの若者《わかもの》たちで、なんとしてでも「大人たち」に責任《せきにん》を取ってもらおうと、覚悟《かくご》を決めて行進をした。

毎週金曜日に若者たちが何千人と集まって起こすこの行動に、いまでは名前もついている。「未来のための金曜日（Fridays For Future《フライデー・フォー・フューチャー》）」だ。抗議《こうぎ》をする若者たちが目標にしているのは、力のある政治家《せいじか》たちにいますぐ行動を起こすようながすことだった。

なかでも大きな力を持ち、変化を起こせる政治家がひとりいた。ベルギーのブリュッセルに本部を持つ欧州《おうしゅう》委員会の委員長だ。

２０１９年２月、グレタはブリュッセルへむかった。

地球温暖《おんだん》化についてまだだれも話題にしないむかしから、ブリュッセルでは時代を先取りして一連の取り組みが行われていた。

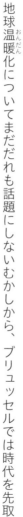

１９５７年のヨーロッパには、多くの苦しみと恐怖《きょうふ》をもたらした第二次世界大戦《たいせん》の記憶《きおく》がまだ生々《なまなま》しく残っていた。

その年、フランス、西ドイツ、イタリア、ベルギー、オランダ、ルクセンブルクの６か国のリーダーが、「経済《けいざい》共同体」をつくろうと考えた。つまり、これからは対立するのではなく、ともに力を合わせて経済成長をしていこうというのだ。今日《こんにち》わたしたちが知るヨーロッパは、国境《こっきょう》にはばまれることなく国々《くにぐに》を自由に行き来できる。そうしようという話が出たのが、経済共同体の最初の会議だった。力を合わせたほうが、すべて物事がうまくいくと、ヨーロッパの人々《ひとびと》はたちまち気づき、最初の6か国にほかの国々がならうようになった。いまとなっては重要な決定はすべて、ヨーロッパの国々の国会ではなく、各国の代表が参加する欧州連合《おうしゅうれんごう》の話し合いで決められる。

ブリュッセルを出てすぐのところに、その地域《ちいき》一帯が、まるごと欧州連合関連の機関になっている場所がある。そこには現代《げんだい》的で機能美《きのうび》に徹《てっ》した、ガラス窓《まど》の巨大《きょだい》なビルが建ち並《なら》び、たくさんの旗がはためいている。

グレタがやってきたのはここで発言をするためだった。

「問題は放っておいて勝手に解決《かいけつ》するものではありません」。グレタは厳《きび》しい口調《くちょう》で大人たちを批判《ひはん》した。「世界を動かす力のある大人たちが、ちゃんと調べていたら、状況《じょうきょう》がどれだけ深刻《しんこく》であるかわかって、いますぐ行動に出ているはずです」

大きな部屋に集まったヨーロッパの政治家たちがだまって耳をかたむけるなか、世界中のカメラがグレタにむけられる。

「わたしたちは、あなたたち大人が生み出しためちゃめちゃな状況《じょうきょう》を修復《しゅうふく》しようとしているんです。それが終わるまでやめるつもりはありません」力強い声でグレタはいう。

修復するのはいましかない。新たな世代が育って国を動かすリーダーになるまで、のんびり待っているような余裕《よゆう》はない。

そのころ、イギリスのテリーザ・メイ首相《しゅしょう》のように重要な立場にある政治家《せいじか》たちが、学校へ行かないで通りを行進している学生たちを批判《ひはん》した。それを逆手《さかて》にとって、グレタはブリュッセルでこんな発言をした。

「わたしたちは学校に行かずに貴重《きちょう》な時間を無駄《むだ》にしている。そう考えている人たちに教えたいことがあります。政治家は、問題が『ある』のに『ない』と否定《ひてい》し、何も解決《かいけつ》しようとしないで、貴重な時間を何十年も無駄にしてきました」

それからグレタはこんな提案《ていあん》もした。子どもたちが学校を休むのが心配なら、子どもの代《か》わりに大人が仕事を休んでストライキをしたらどうか。もっといいのは、大人も若《わか》い人たちといっしょになって抗議《こうぎ》をし、求める結果をもっと早くに出すことで、そうすれば子どもたちは学校にもどれるのだ、と。

２０１９年3月15日の金曜日には、自分の声をとどろかせたのはグレタだけではなかった。世界中から集まった何千という人々《ひとびと》が、未来のための大規模《だいきぼ》なストライキで抗議の声をあげた。前年の8月に国会議事堂《こっかいぎじどう》のまえにすわったのはグレタひとりだったが、いまでは１２３か国、２０００以上の都市が関《かか》わっている。イタリアだけでも１００万人の若者《わかもの》が参加した。

去年の夏の終わりにグレタを見た人は、それから1年もしないうちに、この三《み》つ編《あ》みの勇敢《ゆうかん》な15歳《さい》の女の子の呼《よ》びかけにこたえて、何千人もの人々がストックホルムに集結するようになるなど、夢《ゆめ》にも思わなかったことだろう。

そのなかには、アメリカ合衆国《がっしゅうこく》をはじめ、はるか遠いところから来た人たちもいた。そうしてほとんどの人がグレタといっしょに写真を撮《と》りたがった。握手《あくしゅ》をし、感謝《かんしゃ》の気持ちを伝えたがった。

グレタが壇上《だんじょう》に上がると、群衆《ぐんしゅう》がひとしきり拍手喝采《はくしゅかっさい》をした。

その姿《すがた》を見て、ローザ・パークスを思い出す人もいた。1955年、アラバマ州のモンゴメリーでバスに乗っていて、白人に席をゆずるのを拒否《きょひ》したアフリカ系《けい》アメリカ人の女性《じょせい》だ。たったそれだけのことが、一連の抗議《こうぎ》行動と決起集会につながって、最高裁判所《さいこうさいばんしょ》で歴史《れきし》に残る判決《はんけつ》が下された。アメリカの最高位にある裁判官《さいばんかん》が、肌《はだ》の色で人間を分けるのはまちがっていると判断《はんだん》したのだ。

席をゆずらないことで、ローザ・パークスがしめしたかったのは、何も新しい考えではない。肌《はだ》の色で差別するのはまちがっている――それはアラバマに暮《く》らすアフリカ系アメリカ人がずっとむかしから思っていたことだった。けれどローザは、思っているだけでなく、自ら行動して状況《じょうきょう》を変えなくてはならないと、身をもって彼《かれ》らに教えることに成功した。グレタはこのローザ・パークスにむかしからあこがれていて、自分もそうなりたいと夢見《ゆめみ》ていたのだった。

２０１９年3月15日には、大勢《おおぜい》の子どもやティーンエイジャーが抗議活動をした。

自分たちよりまえの世代が生み出した問題を心配し、みな本気でなんとかしようと思っていた。

これはむずかしい問題で、いったいどうしたらいいんだろうと、記者たちはインタビューをして、若者《わかもの》たちに解決策《かいけつさく》を求めた。この日に起きた抗議行動を「若者たちの反乱《はんらん》」と呼《よ》ぶ者もいた。

壇《だん》に上がったある少女はこういった。「学生たちは抗議をして、解決策を要求していますが、地球温暖《おんだん》化をストップさせる魔法《まほう》のつえを持っているわけではありません。解決策をさぐるには科学者の言葉に耳をかたむけなくてはなりません。状況をつぶさに検証《けんしょう》して正しい情報《じょうほう》を得《え》ることが必要なのです。気温の上昇《じょうしょう》は簡単《かんたん》に防《ふせ》げるものではありません」

グレタをはじめ、抗議行動に出た若者たちはみな、大人や政治家《せいじか》や権力《けんりょく》を持つ人たちが何かを「する」までは、これをやめるつもりはなかった。
彼《かれ》ら大人にこそ、解決策《かいけつさく》を見いだして、実際《じっさい》に問題を解決する責任《せきにん》があるのだ。

9章　グレタのねがい

問題を解消《かいしょう》するのに、グレタは簡単《かんたん》なこたえは持ち合わせていない。グレタの目標は、世界のリーダーたちの注意を、科学者が問題にしている気候変動にむけさせることだった。

グレタはよくいう。「何をすべきか決めるのは子どもたちではありません」

行動を起こさないことはとても危険《きけん》だ。気候の変動により、地球で生きていくことがどんどんむずかしくなっていく。さらに環境《かんきょう》破壊《はかい》は戦争や紛争《ふんそう》を生み出す危険もある。若《わか》い人々《ひとびと》が「未来のための金曜日」で行動を起こすのは、平和のためでもあるのだった。

その驚《おどろ》きの偉業《いぎょう》が認《みと》められて、グレタは2019年のノーベル賞候補《しょうこうほ》になった。若い女性《じょせい》が候補になったり、実際《じっさい》に受賞《じゅしょう》したりするのはグレタが初めてではない。2014年には17歳《さい》のマララ・ユスフザイがノーベル賞《しょう》を受賞《じゅしょう》している。子どもや若者《わかもの》の権利《けんり》のために闘《たたか》った勇気を認《みと》められたのだ。マララの国パキスタンでは、非情《ひじょう》なタリバン政権《せいけん》が、女の子に学校へ通うことを禁《きん》じていた。

「若《わか》い女性《じょせい》たちに導《みちび》かれて、若者が自分の考えをはっきり表明する。それには心を大きくゆさぶられます」とパリの市長、アンヌ・イダルゴがいっている。

自分を批判《ひはん》する人に対して、グレタはこうこたえている。

「大事なのは、気候の変動について研究する科学者や学者の言葉に耳をかたむけて、問題に対する正しい知識《ちしき》を得《え》ることであって、わたしが学校を休んでいることではありません。それは重要ではありません」

環境《かんきょう》活動家として有名になったグレタは、アスペルガー症候群《しょうこうぐん》についても、よりよい理解《りかい》がなされるようにつとめている。グレタのようにアスペルガー症候群と診断《しんだん》された子どもは、新しい友だちをつくりにくく、人と接《せっ》したり、おしゃべりをしたりするのが苦手といわれるが、ときにすごい才能《さいのう》を発揮《はっき》することもある。グレタが身をもってそれをしめした。

彼女《かのじょ》の挑戦《ちょうせん》を受けてたつかどうか、あとはわたしたちに任《まか》されている。

地球温暖《おんだん》化ってなんだろう

現代《げんだい》の生活はわたしたちの祖先《そせん》の生活とはがらりと変わってきています。ほんの数世代まえの、祖父母《そふぼ》の祖父母が暮《く》らしていた時代さえ、あまりにちがいすぎて、現代のわたしたちには遠く理解《りかい》がおよびません。車でどこへでも行くことができ、暖房設備《だんぼうせつび》がととのっていて冬でも家のなかは温かく、家事は家電製品《せいひん》が手伝《てつだ》ってくれて、飛行機に乗れば遠い国々《くにぐに》へ短時間で行くことができます。そういう状況《じょうきょう》になったのは、つい最近のことです。とりわけ過去《かこ》200年のあいだに、わたしたちの生活は一気に変わりました。新しい技《ぎ》術《じゅつ》が革命《かくめい》を起こしたのです。

しかし、現代のような生活は、ほとんどが化石燃料《かせきねんりょう》を燃《も》やすことで成り立っています。たとえばガソリン（日々《ひび》の移動《いどう》につかっている車のエンジンを動かす動力）、石炭（火力発電所で燃やされて、洗濯機《せんたくき》をはじめとする家電の電力になる）、天然ガス（地下深くから採取《さいしゅ》して、家を暖《あたた》めるのにつかわれる）などです。今日のような生活をするために、山ほどの燃料を燃やしているというのに、わたしたちがとりたてて気にもとめないのは、それが車のボンネットの下に隠《かく》れているエンジンのなかや、暮らしている町から遠く離《はな》れた発電所で起きているからです。

けれど、燃料を燃やすことには副作用があります。科学者たちが「温室効果《おんしつこうか》ガス」と呼《よ》ぶものが大気《たいき》のなかに排出《はいしゅつ》されるのです。温室効果ガスのなかでもっとも「有名」なのが二酸化炭素《にさんかたんそ》で、こういう気体は最終的に、わたしたちの頭上高くにある大気に落ち着きます。空の高みへ上がっていって、そこにとどまって集まり、太陽光線は通すものの、熱はつかまえて放さないのです。

もともと地球の大気は、科学者が「温室効果」と呼ぶ影響《えいきょう》を地球におよぼしています。

それによって太陽熱が大気《たいき》のなかにとどまるからこそ、地球で生物が生きていけるのです。問題は、汚染《おせん》ガスが空に集まると、その温室効果《おんしつこうか》が変わってしまうことです。

つまり、年々《ねんねん》温度がゆっくりと上昇《じょうしょう》するのです。日々《ひび》の生活のなかでわたしたちがなかなか気づかないのは、それが非常《ひじょう》にゆるやかで、わずかずつの上昇だからです。科学者は世界中の気温を正確《せいかく》に記録していて、こういった変化は非常に深刻《しんこく》な結果をもたらすと警《けい》告《こく》を発しています。

危険《きけん》が差し迫《せま》っている兆候《ちょうこう》は早くからありました——氷河《ひょうが》がとけ、海水面が上昇し、気候がますます予測《よそく》しづらくなり、ある地域《ちいき》では雨がまったく降《ふ》らなくなり、またべつの地域では嵐《あらし》やハリケーンが以前よりひんぱんに起きるようになっています。

これは非常に複雑《ふくざつ》な現象《げんしょう》で、科学者は引き続き状況《じょうきょう》を観察していきますが、この先に何が起きるのか、正確に予測することはむずかしいものです。それでもたしかなのは、温室効果ガスの排出《はいしゅつ》を減《へ》らして、できるかぎり地球温暖《おんだん》化を食いとめることこそが重要だということ。多くの科学者が口をそろえてそういっています。

わたしたちにできることは？

地球温暖《おんだん》化は非常に複雑な現象で、専門家《せんもんか》さえ完全に理解《りかい》するのはむずかしいものです。しかしほとんどの科学者は、二酸化炭素《にさんかたんそ》を削減《さくげん》し、大気中に排出する温室効果《おんしつこうか》ガスを減らすことで、地球温暖化の速度をゆるめることができるとしています。ただし排出量《はいしゅつりょう》を減らすには、大きな決断《けつだん》と変化が必要で、それでグレタは自分の国の国会議事堂《こっかいぎじどう》まえでストライキを始めたのです。けれど、わたしたちひとりひとりにも、地球を危険にさらしている習慣《しゅうかん》を変えるよう心がけることはできます。

1 できるだけ車の使用を避《さ》ける。地球にもっとも優《やさ》しい方法は、歩いて移動《いどう》し、公共交通をつかうこと。

2 もし車をつかう場合は、1台の車に多人数が乗るようにする。同じ方向に行く友人がいるなら、もちろん同乗させる。

3 部屋を出るときには必ず照明のスイッチを切る。家の電球につかわれる電力のほとんどは、化石燃料《かせきねんりょう》を燃《も》やしてつくられている。

4 湯をわかすことは環境《かんきょう》汚染《おせん》につながるので、ほんとうに必要なときだけにして、わかしたお湯はわずかもムダにしないようにする。

5

風呂《ふろ》に入るときには浴槽《よくそう》に湯をためずにできるだけシャワーですませ、水を加熱するのに必要な電気を節約する。

6

商品の包装紙《ほうそうし》や箱は環境を汚染するばかりか、それをつくりだすのにエネルギーがつかわれる。何か買うときにはよくよく注意をし、包装が少しでも少ないものを選ぶようにする。

7

野菜や果物《くだもの》は旬《しゅん》のものを選ぶ。店先に並《なら》ぶ季節はずれの果物は、外国や遠い地方でつくられて船で運ばれてくることが多い。

8

何か新しいものを買うまえに、ほんとうに必要かどうか考え、買ったものはたいせつにして長くつかうようにする。

9

冬に部屋を暖《あたた》めすぎないようにする。暖房《だんぼう》の設定《せってい》温度を1度か2度下げて、家のなかでも重ね着をして、服装《ふくそう》で防寒《ぼうかん》をする。

10

夏の冷房《れいぼう》使用を最小限《さいしょうげん》にとどめ、設定温度にも気を配る。空気を冷やすのにも電気がつかわれている。

11

自分のつかっている電気は燃料《ねんりょう》を燃《も》やして二酸化炭素《にさんかたんそ》を大気《たいき》中に排出《はいしゅつ》していることを忘《わす》れないようにし、できるだけ少ない電力ですませるようにする。

気候変動に関する主なキーワード

（五十音順。見出し語の下の数字は本文中のページ数）

温室効果《おんしつこうか》

地球の大気《たいき》は太陽が生み出す熱のいくぶんかを保存《ほぞん》し、わたしたちみんなが知っている気象現象《きしょうげんしょう》をつくりだす。はるか頭上で何が起きているのか、人間が理解《りかい》しはじめたのは、１８００年代はじめだった。このころから科学者たちは、空に太陽光線をろ過《か》する「何か」があるのに気づきだした。

温室効果ガス――17、36、40、51、62、75

地球の大気に存在《そんざい》する気体で、まるでろ過装置《かそうち》のように太陽光線は通し、熱の一部は蓄積《ちくせき》する。

海面上昇《じょうしょう》――40
地球温暖化《おんだんか》によって氷がとけた結果、海面が上昇すれば深刻《しんこく》な事態《じたい》になり、現在《げんざい》、人々《ひとびと》が暮《く》らしている地域《ちいき》の大部分が水中に没《ぼっ》すると科学者たちは考えている。

化石燃料《かせきねんりょう》
地中に埋《う》もれた先史《せんし》時代の動物や植物から何百万年もかけてつくられる特別な燃料。長い年月をかけて分解《ぶんかい》され、石油や天然ガスや石炭になる。これらは燃《も》やすことでエネルギーを生み出す。

環境保護主義《かんきょうほごしゅぎ》
わたしたちの暮らす地球を守るために、一心《いっしん》に力を注《そそ》ぐべきだという考え。

環境活動家――23、56、86
環境を保護することに力を注ぐ人たちで、そのために集会を開いたり、ストライキをしたり、情報《じょうほう》を広めたりする。

議会——7、54
国を治めるために国民からえらばれた議員が合議する機関。あらゆる問題に関係し、あらゆる人々の生活に影響《えいきょう》する重要な決断が、この議会でなされる。

気候ストライキ（Climate Strike《クライメート・ストライキ》）——64、66、74
世界中で起きている気候変動の危機《きき》的状況《じょうきょう》を気にせず、何も行動を取らない人々に抗《こう》議《ぎ》するため、グレタ・トゥーンベリが起こした行動。2018年8月20日、学校へは行かず、たったひとりでスウェーデンの国会議事堂《こっかいぎじどう》のまえにすわりこんだところ、すぐに多くの支援者《しえんしゃ》を得《え》た。毎週金曜日にグレタは学校ストライキを続けており、この問題に真剣《しんけん》に取り組むための行動を起こすよう政治家《せいじか》たちにうったえている。

気候マーチ（Climate march《クライメート・マーチ》）――46、47、49
地球を守るための行動を取るべきだと考える大勢《おおぜい》の人が表《おもて》だって抗議《こうぎ》するためのデモ行進。世界一斉《いっせい》に行われるのが「グローバル気候マーチ」だ。

国際連合《こくさいれんごう》（略称：国連）――39、60、61、63、65
ほぼ世界中の国々《くにぐに》に相当する193か国がつくる組織《そしき》で、暴力《ぼうりょく》にたよることなく、平和を維持《いじ》し、紛争《ふんそう》を解決《かいけつ》することに心を砕《くだ》いている。世界の国々のあいだに友好関係を維持し、人権《じんけん》を擁護《ようご》することが国際連合の目的。

COP《コップ》24――60、63、65
2018年に開催《かいさい》された国連気候変動枠組条約《わくぐみじょうやく》第24回締約国《ていやくこく》会議。二酸化炭素《にさんかたんそ》の排出《はいしゅつ》量《りょう》を制限《せいげん》するために数年まえにできあがった合意をどう実現《じつげん》するか、ほぼ世界中から集まった国の代表が2週間にわたって討論《とうろん》をした。

森林破壊《はかい》――35、37
むやみな森林伐採《ばっさい》や火災《かさい》（山火事）などによって樹木《じゅもく》が失われ、森林面積が縮小《しゅくしょう》していくこと。樹木には、大気中の二酸化炭素を吸収《きゅうしゅう》して蓄《たくわ》える働きがある。

大気《たいき》――31
地球を取り巻《ま》く気体のこと。大気は地球全体を1000キロメートルの厚《あつ》さで覆《おお》っており、大気のある領域《りょういき》を大気圏《けん》という。地表にもっとも近いところには、わたしたち生物が呼吸《こきゅう》するのに必要な空気があり、ここに雨、雪、雲などが発生して、気象現象《きしょうげんしょう》が起きている。

地球温暖化《おんだんか》――17、35、46、48、50、51、72、78、83
過去《かこ》100年間に地球の気温がゆるやかに上がっていること。この現象は全世界で認《みと》められているため、名前に「地球」がついている。その速度は場所によって差がある。過去100年の間に平均《へいきん》して0・75度の上昇《じょうしょう》が見られたと科学者たちは算定している。

TED《テッド》（Technology《テクノロジー》（技術《ぎじゅつ》）、Entertainment《エンターテインメント》（娯楽《ごらく》）、Design《デザイン》（デザイン））――57、58
　重要な問題について世界的かつ大規模《だいきぼ》な講演会《こうえんかい》を主催《しゅさい》する組織《そしき》。政治家《せいじか》、科学者、さまざまな分野で目覚ましい活躍《かつやく》をする人々《ひとびと》が、ＴＥＤの演台《えんだい》に上がって自分の専門《せんもん》分野について話をする。ＴＥＤで話されるのは、そのスローガンに明記されているように、「広める価値《かち》のある考え」だ。

電気――20
　わたしたちの家にある物の多くが電気にたよっている。照明をつけるにも、家電を動かすにも、電気をつかっている。工場では連日電気をつかって、わたしたちの身のまわりにあるたくさんの物をつくりだしている。問題なのは、電気をつくるにはたいてい燃料《ねんりょう》を燃《も》やす必要があり、環境《かんきょう》に「温室効果《おんしつこうか》ガス」を排出《はいしゅつ》する点だ。

二酸化炭素《にさんかたんそ》
大気《たいき》に存在《そんざい》する気体のひとつで、科学用語ではCO_2《シーオーツー》という。「温室効果ガス」のなかでも地球温暖《おんだん》化におよぼす影響《えいきょう》がもっとも大きいとされている。

二酸化炭素排出量《はいしゅつりょう》――40
人間、国、飛行機、工場などから、大気に排出される二酸化炭素の量。

ノーベル賞《しょう》――85、86
価値ある個人《こじん》や集団《しゅうだん》に、毎年授与《じゅよ》される栄誉《えいよ》ある賞。2019年のノーベル平和賞《へいわしょう》ではグレタが候補者《こうほしゃ》に選ばれた。地球温暖化を食いとめなければ、あらゆる人間が悲劇《ひげき》的な状況《じょうきょう》に陥《おちい》るとして、抗議《こうぎ》活動をしたことが認《みと》められた。

氷河《ひょうが》――40、72、90
春でも夏でもとけない氷のかたまり。地球の氷河のほとんどはグリーンランドと南極大陸にある。

未来のための金曜日（Fridays《フライデー》 For《フォー》 Future《フューチャー》）――77、85

世界中の子どもたちが抗議《こうぎ》のために学校を休む金曜日のこと。自分たちとその先の世代のために、地球を守り、未来をゆるぎないものにするのが子どもたちの願いだ。

気候変動に関する主なトピック

人類による環境《かんきょう》汚染《おせん》と地球温暖《おんだん》化に関する歴史《れきし》上の重要なトピックを紹介《しょうかい》します。

１７６５年

スコットランドの技術者《ぎじゅつしゃ》ジェームズ・ワットは、１７１２年にトマス・ニューコメンが初めて開発した蒸気《じょうき》機関を改良し、蒸気を動力に変える方法を見つけた。これが、人類史上もっとも大きな変化である産業革命《かくめい》を推《お》し進める一因《いちいん》となった。わたしたちの代《か》わりに機械が仕事をしてくれるようになり、それも人間がやるよりずっと効率《こうりつ》的に素早《すばや》い結果が出るようになった。ふいにわれわれは、最小の努力で大量の物を生み出すことができるようになったのだ。

しかし産業革命《かくめい》にともなって、環境汚染の問題も持ち上がった。

1824年

物理学者ジャン・バティスト・ジョゼフ・フーリエが、空の高みに太陽熱をとらえる気体の層《そう》があることを見いだした。

1883年

自動車工場がヨーロッパの数か国に建設《けんせつ》された。当時の車は大きいばかりで信頼《しんらい》がおけず、スピードも時速50キロメートル強がせいぜいだった。それがわずか100年後には、あらゆる国々《くにぐに》の路上に無数の車が走っているなど、当時の人々《ひとびと》には想像《そうぞう》もできなかったことだろう。その車が大気《たいき》に二酸化炭素《にさんかたんそ》を排出《はいしゅつ》しているのである。

1952年

12月のロンドンで、手に負えなくなった大気汚染《おせん》に人々は苦しんだ。灰色《はいいろ》のどんよりした空気が悪臭《あくしゅう》をまき散らし、町はスモッグに包まれた。視界《しかい》がせばまり、数メートル先しか見えない。車の運転は不可能《ふかのう》になった。公共交通もとまって学校も閉鎖《へいさ》。人々の健康が大きく脅《おびや》かされるにいたって、イギリスは初めて、大気汚染の影響《えいきょう》を深刻《しんこく》に考えなければいけなくなった。

1972年
環境《かんきょう》を守ることを最優先《さいゆうせん》とする初の政党《せいとう》、「オーストラリア緑の党《とう》」が、オーストラリアのタスマニアで設立《せつりつ》された。

1973年
環境を守る「緑」の政党が人気になり、オーストラリアの真似《まね》をした「PEOPLE党」がイギリスで生まれた。

1979年
このころにはもう気候の変動に科学者たちが気づいていて、政治家《せいじか》たちはそれをテーマに話し合う初の世界会議を開催《かいさい》した。

1997年

世界の国々《くにぐに》の代表が日本の京都に集まり、COP3（国連気候変動枠組条約《わくぐみじょうやく》第3回締約国会議《ていやくこくかいぎ》）で環境《かんきょう》問題について討論《とうろん》。気候変動への国際的《こくさいてき》な取り組みを定めた条約《じょうやく》「京都議定書」にサインをし、先進国の温室効果《こうか》ガスの排出《はいしゅつ》量を1990年比《ひ》で5％減少《げんしょう》させることを目標として掲《かか》げた。京都以前にも以後にも、環境問題に関する多くの会議が開催《かいさい》されたが、時がたつにつれて、より緊急《きんきゅう》に、実際《じっさい》の行動を起こすことが必要になっていった。

2015年

気候問題について長年話し合われた結果、多数の国の代表がパリに集まり、COP21で気候の危機《きき》に立ちむかう方法を決めた。世界の平均《へいきん》気温上昇《じょうしょう》を、産業革命《かくめい》から2度未満、できれば1・5度におさえるということで話がまとまった。このとき合意した内容を「パリ協定」という。

２０１８年

８月20日、グレタ・トゥーンベリが学校を休んで、スウェーデンの国会議事堂《こっかいぎじどう》まえで、気候変動から地球を守るためにストライキをした。

グレタさんの海外ニュース

グレタさんは、母国語であるスウェーデン語だけでなく、フランス語、英語でもスピーチをしています。インターネットで読める英語のグレタさんのニュースの一部を紹介します。

1

気候変動と闘《たたか》う女子学生戦《せん》士《し》グレタ・トゥーンベリ――放っておける人もいるけど、わたしは放っておけない

（２０１９年3月11日オンライン版《ばん》『ガーディアン』、ジョナサン・ワッツ）

www.theguardian.com/world/2019/mar/11/greta-thunberg-schoolgirl-climate-change-warrior-some-people-can-let-things-go-i-cant

2

「わたしたちのリーダーはまるで子ども」——学校ストライキの創始者《そうししゃ》、気候サミットについて語る

（２０１８年12月４日オンライン版《ばん》『ガーディアン』、ダミアン・キャリントン）

www.theguardian.com/environment/2018/dec/04/leaders-like-children-school-strike-founder-greta-thunberg-tells-un-climate-summit

3

新しい政策《せいさく》を求める15歳《さい》の気候活動家

（２０１８年10月２日オンライン版『ニューヨーカー』、マーシャ・ゲッセン）

www.newyorker.com/news/our-columnists/the-fifteen-year-old-climate-activist-who-is-demanding-a-new-kind-of-politics

4

気候変動と闘《たたか》うグレタ・トゥーンベリ、次世代の言い分を述《の》べる

（２０１８年12月５日オンライン版『ストレーツ・タイムズ』）

www.straitstimes.com/world/europe/climate-crusading-schoolgirl-greta-thunberg-pleads-next-generations-case

5

グレタ・トゥーンベリ、ノーベル平和賞《へいわしょう》にノミネート

（２０１９年３月14日オンライン版『ガーディアン』、ダミアン・キャリントン）

www.theguardian.com/world/2019/mar/14/greta-thunberg-nominated-nobel-peace-prize

6

世界に広がる気候ストライキをわたしが始めた理由

（２０１９年３月13日『ニュー・サイエンティスト』）

www.newscientist.com/article/mg24132213-400-greta-thunberg-why-i-began-the-climate-protests-that-are-going-global/

7

気候変動に対して何も対策《たいさく》がなされないので、学生のわたしが抗議《こうぎ》活動をしています。みんなも立ち上がるべきです

（２０１８年11月26日オンライン版『ガーディアン』）

www.theguardian.com/commentisfree/2018/nov/26/im-striking-from-school-for-climate-change-too-save-the-world-australians-students-should-too

8

国連気候行動サミットでのグレタ・トゥーンベリのスピーチ

（２０１９年９月23日　米公共ラジオ局（ＮＰＲ）のウェブサイト）

https://www.npr.org/2019/09/23/763452863/transcript-greta-thunbergs-speech-at-the-u-n-climate-action-summit

9

気候変動：グレタ・トゥーンベリはCOP《コップ》25で何を述《の》べたのか？

（２０１９年12月12日　英国放送協会（ＢＢＣ）『ニュース・ラウンド』）

https://www.bbc.co.uk/newsround/50743328

グレタさんから学べること

あなたは、この本に登場するグレタさんのことを知っていましたか。スウェーデンに暮《く》らす高校生の少女グレタさんは、毎週金曜日に学校を休んで国会議事堂《こっかいぎじどう》の前にすわりこみ、「気候のための学校ストライキ」という木製《もくせい》ボードを掲《かか》げて気候変動と地球温暖《おんだん》化に対する警告《けいこく》を発信しました。

「人類最大の危機《きき》に対して大人たちは何もしていない」というのがグレタさんの主張《しゅちょう》です。その様子はまたたくまにツイッターやインスタグラムといったSNS《エスエヌエス》などを通じて世界中に広がり、彼女《かのじょ》の考えに共鳴し賛同《さんどう》する若者《わかもの》たちが中心となって、各地で「未来のための金曜日」（FRYDAYS FOR FUTURE《フライデー・フォー・フューチャー》）という抗議《こうぎ》活動に発展《はってん》していきました。グレタさんと同じように金曜日に学校を休んで、政府《せいふ》（国）に対して環境対策《かんきょうたいさく》にもっと真剣《しんけん》に取り組んでほしい、とうったえるようになったのです。

グレタさんが学校ストライキを始めてから1年後の2019年9月20日の金曜日には、日本を含む世界150か国を超《こ》える数百万人の若者《わかもの》たちが一斉《いっせい》に学校ストライキやデモ行進を行いました。こうした状況《じょうきょう》をテレビや新聞の報道《ほうどう》では「グレタ現象《げんしょう》」と呼《よ》ぶようになったほどです。同月23日、ニューヨークの国連本部で開かれた気候行動サミットに招《まね》かれ、スピーチをしたグレタさんは、これまで抱《かか》えてきた怒《いか》りや自分の思いを涙《なみだ》ながらにうったえました。その姿《すがた》もテレビや新聞のニュース、ネットやSNS《エスエヌエス》などを通じて世界中に発信されましたが、反応《はんのう》はさまざまで、なかには批判《ひはん》的、否定《ひてい》的な意見もありました。

グレタさんの主張《しゅちょう》は、大人に対して、もっと言えば世界各国の政治《せいじ》の指導者《しどうしゃ》（例えば、首相《しゅしょう》や大統領《だいとうりょう》、大臣など）に対してうったえているので、「16歳《さい》の少女になぜ世界が振《ふ》り回されなければいけないのか。生意気《なまいき》だ」とか、「あの子は発達障害《しょうがい》（アスペルガー症候《しょうこう》群《ぐん》）だから、ああいう感情《かんじょう》的な言動になるんだ」とかいう差別的な発言もありました。そうした日本国内からも「学校を休んでやることなのか」という声が聞こえてきました。そうした意見もあって当然なのかもしれません。

もちろん、グレタさん自身も学校を休むことがいいことだとは思っていません。彼女《かのじょ》の両親も最初は学校を休むことに反対していました。けれども、たいせつな学校を休んでまで抗議活動をしなければならないほど環境《かんきょう》問題が危機《きき》的な状況にある、ということをつたえなければならないと考え、両親を説得して、行動を起こしたのです。1日や2日、学校をずる休みする、という程度《ていど》のことだったらできるかもしれませんが、毎週金曜日に正々堂々《せいせいどうどう》と学校を休んで国会議事堂《こっかいぎじどう》の前にすわりこんで抗議《こうぎ》活動をする勇気のある子どもがいったいどれだけいるでしょうか（その後グレタさんは義務《ぎむ》教育を終えて進学していますが、この活動のために1年間休学しています）。

大人に抗議をするグレタさんは、生意気なのでしょうか。発達障害があるから感情的になっているだけなのでしょうか。もし、単にそれだけだとしたら、これだけ世界中の若者たちに影響《えいきょう》を与《あた》え、環境問題を考える大きなうねり（波）にはならないのではないでしょうか。

グレタさんは、大人に反発しているのではありません。子どもができることには限界《げんかい》がある。自分たちが無力なことがわかっている。だから、大人のみなさん、政治家《せいじか》のみなさん、わたしたちを助けてください、わたしたちを守ってください、未来を信じられるようにしてくださいと訴えているのです。力を貸《か》してくださいとお願いしているのです。そして、同じように感じたり、考えたりしていた世界中の若者《わかもの》たちが、彼女《かのじょ》の正義感《せいぎかん》あふれる姿《すがた》に勇気をもらって、自分たちも行動を起こせるようになったのではないでしょうか。

北欧《ほくおう》理事会という機関がグレタさんに対して、「環境賞《かんきょうしょう》」を授与《じゅよ》しようとしましたが、彼女は拒否《きょひ》し、「地球温暖《おんだん》化対策《たいさく》を求める運動に必要なのは賞ではなく、権力者《けんりょくしゃ》たちが科学に耳を傾《かたむ》けはじめることだ」とうったえました。科学を根拠《こんきょ》にして考えるということは、事実やデータをもとに冷静に判断《はんだん》することであり、感情《かんじょう》的になって主張《しゅちょう》することとは反対の立場にあります。

グレタさんの住む北欧の国スウェーデンは、夏でも冷房《れいぼう》は必要のない寒い国です。それなのに2018年には熱波《ねっぱ》に襲《おそ》われ、700人もの人たちが暑さで亡《な》くなりました。同じ年、フランスやスペインなどのヨーロッパの国々《くにぐに》でも、40度前後まで気温が上がるという熱波で死者が出ています。過去《かこ》500年間でみても、最も暑かった夏のトップ5は、すべて2000年以降《いこう》に起きていて、特に被害《ひがい》が大きかったのは2003年と2010年。2003年にはヨーロッパで7万人以上が亡くなり、2010年にはロシアだけで5万60

00人の死者が出ています（『ナショナル ジオグラフィック』日本版《にほんばん》サイト、2019年7月3日）。アメリカでも住宅《じゅうたく》を吹き飛《ふ》ばしてしまうような暴風雨《ぼうふうう》をもたらすハリケーンや、何日かけてもなかなか消火できないような大規模《だいきぼ》な山火事が起きて、多くの犠牲《ぎせい》が出ています。

日本でも、ここ数年は台風や豪雨《ごうう》による「想定外の被害」つまり予測《よそく》をはるかに超《こ》えた、これまでにない大きな災害《さいがい》にみまわれることが増《ふ》え、住む家を失ったり、命を奪《うば》われたりするケースが後を絶《た》ちません。地球温暖化がこうした被害をもたらしているのではないか、ということは誰《だれ》もが感じているところでしょう。

この本を手にしたあなたも、日々《ひび》の暮《く》らしの中で、何かしら環境問題について考えたり、行動したりしているのではないですか。水道の水を出しっぱなしにしない、電気を消す、ごみを分別して捨《す》てる、などなど、もはや当たり前のこととして実行していることも多いかもしれません。もちろん一人ひとりの小さな努力の積み重ねが大きな力になっていくことにまちがいありません。ただ、それだけではわたしたちの生命を守っていくにはもはや足りなくなっているので、もっと根本的に社会のしくみを変革していかなければならない、というのが、今の地球の姿《すがた》なのです。

グレタさんの生きる姿勢《しせい》から学べることは、決して環境《かんきょう》問題だけに限《かぎ》りません。今ある問題の根本的なところにある原因《げんいん》を探《さが》し、それを解決《かいけつ》するためには何が必要かを考えて行動する。その勇気があれば、あなた自身の未来を変えていくことができるのです。

わたしたち大人も、地球の未来を支《ささ》えていくために何ができるのか。真剣《しんけん》に考えていきます。

ジャーナリスト　増《ます》田《だ》ユリヤ

著＊ヴァレンティナ・キャメリニ（Valentina Camerini）
イタリア・ミラノ生まれ。ウォルト・ディズニー社のコミック部門で働いたのち、小説や子どもの本の執筆に携わる。

訳＊杉田七重（すぎた ななえ）
東京都生まれ。東京学芸大学教育学部卒業。児童書、YA文学、一般書など、フィクションを中心に幅広く活動。主な訳書に、『不思議の国のアリス』『鏡の国のアリス』『楽しい川辺』『すばらしいオズの魔法使い』（いずれも西村書店）、『クリスマス・キャロル』（KADOKAWA）、『レモンの図書室』（小学館）、『カイト　パレスチナの風に希望をのせて』（あかね書房）、『変化球男子』（鈴木出版）など多数。

解説＊増田ユリヤ（ますだ ゆりや）
神奈川県生まれ。國學院大學文学部史学科卒業。27年にわたり、高校で世界史・日本史・現代社会を教えながら、NHKラジオ・テレビのリポーター兼ディレクターを務めた。現在ジャーナリストとして活躍中。『現場レポート 世界のニュースを読む力』（池上彰との共著、プレジデント社）など、著書多数。

グレタのねがい　地球をまもり未来に生きる

2020年1月24日　初版第1刷発行
2024年6月24日　初版第3刷発行

著＊ヴァレンティナ・キャメリニ

訳＊杉田七重

発行者＊西村正徳

発行所＊西村書店 東京出版編集部
〒102-0071 東京都千代田区富士見2-4-6
Tel.03-3239-7671　Fax.03-3239-7622　www.nishimurashoten.co.jp

印刷・製本＊中央精版印刷株式会社

ISBN 978-4-86706-007-0　C0036

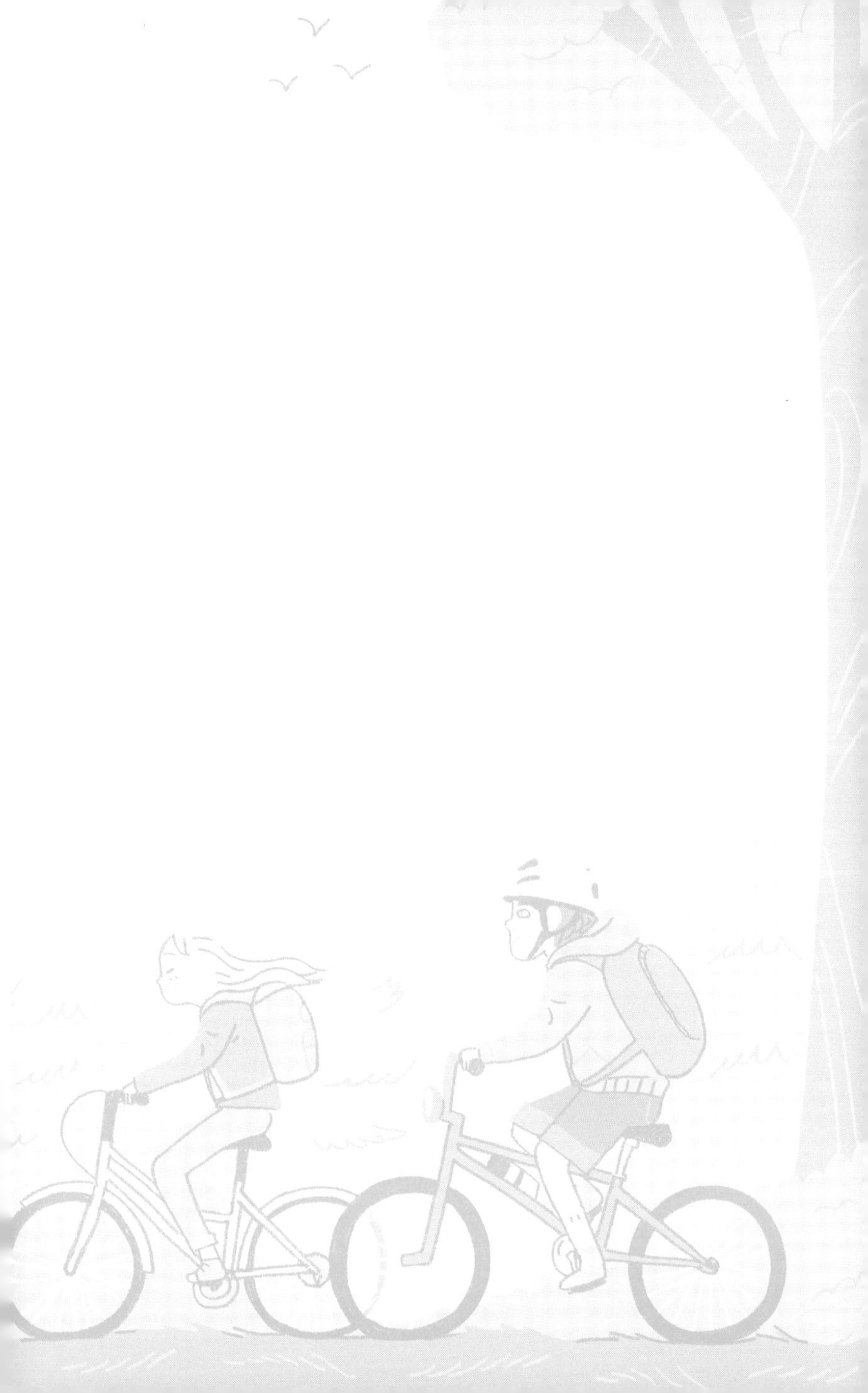